任凭
世事变化
，
内心
鱼鱼雅雅

水姐◎著

四川人民出版社

序一

文化就是生活

文/秦朔

　　水姐是 85 后的绍兴姑娘，上海交通大学毕业后保送清华研究生，读社会科学，写诗。毕业后在大学工作过，做过宏观经济研究，做过政府咨询项目，还写诗。有一天水姐到了上海，开起了咖啡馆，依旧写诗。2015 年夏天，她成了"秦朔朋友圈"最早的员工，创始主编，这之后她组稿编稿写稿，但没有时间写诗了。

　　水姐爱水。水很简单，就是 H_2O 这个化学式，但水有三态，无限场景中有气象万千，水至柔，然而水滴石穿。伟大的诗人里尔克说："没有一事一物不能入诗，只要它是真实的存在者。"我觉得水和诗一样，水总在最底处出没，也正因此，它成为万物的载体，可以体验万物的轻与重，折射万物的清与浊。

水总有一个源头。在水姐这本书里可以看到，驳杂斑斓的中国传统文化是她很多思考和交互联想的源头。她拿着尖尖的铲子，不停地挖掘，让被凝固在传统中的动物所代表的文化意象泉涌出来，再和生命的年轮、现实的红尘与顿挫一一呼应，这创造了一种充满张力的阅读体验，很深，很透彻，但并不沉重。水姐似乎是惊喜地找到了一些什么，她挖开，等你去看，然后她翩然离开，再去做新的挖掘。

水姐说，她的文章不是为了传播自己的经验，"而是说明作为一个普通中国人，在唾手可得的哲学文化经典里，追求严肃清淡地活着的一种状态"。为什么中国的哲学文化经典可以有这样的作用呢？用钱穆先生的话说，文化就是生活，"是人类各方面的生活总括汇合起来"，西方的现代文明"只求尽物性"，中国则是注重"求尽人之性"。中国要学习西方的科学文明，但有些自己内部的事，"好像花盆里的花，要从根生起；不像花瓶里的花，可以随便插进就得。我们的文化前途，要用我们自己内部的力量来补救。"水姐的努力，就是用自己内部的力量来补救的尝试。

在以微信公众号为代表的移动互联网这个内容生产的新平台上，水姐的工作日复一日，经她之手，已经发出了2000多篇原创文章。她有喜悦、有压力、有挫折，就像水在不同的天气里，眼神也会不同。就像里尔克在《秋日》中写的："谁这时孤独，就永远孤独／就醒着，读着，写着长信／在林荫道上来回不安地游荡，当着落叶纷飞。"

在这个时代，有太多来回不安的游荡的灵魂。水姐的文章，或许可以给这些灵魂一些安慰，一些力量。

序

二

青山不改

文／忆湄

　　木心在《文学回忆录》里谈到希腊神话时说："奥运会要是给动物看，动物哈哈大笑。奔走不如动物，游弋不如鱼，但人主宰世界，把动物关起来欣赏。"谁知道，几十年后，水姐把动物们都集结在一块，写了一本有趣的书，让主宰世界的人们也都来学学，如何拨开现实的迷雾，活得深刻，又活得清明。

　　我和水姐同在"秦朔朋友圈"写作，我戏称自己是"婉约派"，她说自己是"豪放派"，我写都市里的爱与恨，她写古典文化里的真知与灼见，我们执不同的笔，却总有一种"惺惺相惜"的感觉。水姐的"动物系列"在秦圈连载时，我就对她说这个主题可以出一本书，她当时说只是随便写写，可我知道不是——这些文字就如一个老式挂钟的吊摆，摆向了古文化，又缓缓移步现实，来回走动，却游刃有余，它在时代的风云变幻下不慌不忙，精确地计算着沧海桑田与人心变迁，它值得被世人珍藏。

生命虽是戏仿之物，但日常的惯性却大到令人无法随意动弹。但水姐的这本书却像是一股逆力，与你一同对抗虚无、对峙慌乱、对阵浮躁。在我们对那些重新定义世界的东西趋之若鹜之时，水姐把那些其实早就定义了世界的东西摆在了我们面前，那是定盘星、压舱石、指南针、不改的青山、变中的不变。她满怀赤诚地捡回了那些高雅的失传文化，又细细雕琢成了让你我都能够对抗现实的能量，怀揣这股能量，我们才不会傻傻地被变化的世界拉走，忘记去专心雕刻自己的时光。

就如水姐往现实的湖水里扔了一块古旧的小石头，而我只想看着涟漪荡开，倒影里是青山不改，绿水长流。

自 序

较为深刻地活着

文／水姐

这一次，我花了很久时间，思考自己过去的人生。

写这本书不是为了传授自己的经验，而是为了说明作为一个普通中国人，如何在唾手可得的哲学文化经典里，去追求严肃清淡地活着的某种状态。

应该是第一次有人集中写这 20 种动物携带的文化、哲理和境界，这些东西不古老、不繁琐也不沉重，可以成为现代生活方式和生命方式的一部分。

我从"豹隐"开始写，以一颗初心的炼成为开端，描述了 10 岁到 60 岁甚至更长时间的人生"向内求"的过程。人活一世，其间需要太多的思想、能量，循环往复地流动，形成自己的河流，映照自己所在的时空。

　　学习这些文化的目的，并不是为了在世俗中取得多大的成功，或者为了扛得住多大的挑战、挫折和失败，没有什么特定的目的，只是人在一个氛围里浸润久了，自然而然会形成跟别人不一样的东西，就会怡然自得。

　　内心鱼鱼雅雅，是指内心威仪整肃，风度优美，宠辱不惊。《诗经·小雅·湛露》有："其桐其椅，其实离离。岂弟君子，莫不令仪。"令仪也是这个意思。

　　我认为，心不死的唯一标志，是对万事万物保持感觉，并能有感而发。事实上，人间万象，有利的、无用的，哪里分得那么清楚。让自己适应任何变化，在悲欢的表象之后，还有一个可以不断康复的、完整的、真实的自我，是我觉得最要紧的事。

　　生活总是有很多周而复始的皱褶和阴影，没办法避开，那么就用开放的心态，祛除自己的蒙昧，释放自己的可能性，并保持内心的稳定。这个过程，只有自己看得清楚自己有多干净利落潇洒。

　　我喜欢一天一夜只做一件事，比如写一篇文章，或者看一本书，或者思考一个方案，然后所有的当天出现的事物都会为这件事服务，包括梦境。这种思维方式也坚持了二十多年了，在这本书中也会体现一些。

　　任凭世事变化，内心鱼鱼雅雅。一个人就是一支军队，鱼行成贯，鸟飞成阵，威仪整肃，对抗内心和外在环境的动荡变迁。鱼和鸟，是先民雕刻在通天神树、金杖金带上的自然界最常见的东西，充满了永恒的味道。让心境自然，道法鱼鸟。

　　除了鱼和鸟，其他在这本书里提到的动物们，都有各自的雅智、从容、天然、真实、严谨和稳定。任凭世事变化，内心鱼鱼雅雅。"鸟来鸟去山色里，人歌人哭水声中"，对于生活于 2018 年之后的人来说，心境严肃优雅冷静似乎是必修课，人生的意义大半在于人心。

生灵之间，是悟道天地。实际上，很多概念都是相通的。西方所谓的"心流"（Flow）是契克森米哈赖所总结的，也有这样的境界："心里的念头就像一条钢铁洪流，浩浩荡荡但是又井然有序，势不可当但是又能从心所欲，喷涌而出但是又不会四处洒落，而是汇聚成一条水龙，冲荡开一切泥石砂砾，创造、奋斗、整合，你不需要特意去控制这个过程，但一切又都在你的控制之中。"

生命是最鲜活的，万物生长，相互体会，彼此寄托。有一天，我突然觉得中国文化里的动物们，很鲜活，它可以带我重新阅读一些经典，不会陷入窠臼，而是打开新的门，让人能呼吸到新的空气。现实的素材像长在这些文化知识的田地里，依然能汲取养分，可以重新打造内心世界的一番景象，生活多了一个美好的维度，"向内求"变得美丽甚至惊艳。

诗和画中，总是有很多的动物构成意象，人世间才显得不那么孤寂。世界就像是一堆干草（希罗尼穆斯·博斯《干草车》），每个人都竭力掠夺他们能够得到的。每个人都想获得，不想失去，这是人性的原始需求，但人的内心生态是参差不齐的。只要仔细凝视人间的美丽，也能触摸到精神层面的芬芳。

如何发现初心，保持初心，更好地理解自我？

如何丰富自己的想象力，内心有丰富的层次，去获得持续的希望，更好地经营自己的人生？

如何保持意志稳定、刚毅顽强、镇定自若，拥有恒久的优雅，还能启发别人，甚至能超越生死？

或许，你可以在这本书上找到我从先哲那里习得的答案，不一定对，也不是我的执念。只是希望诸位，都有片刻徜徉于无限、至美和安宁之中，有海洋、有天空、有鲲鹏，有自我的鱼鱼雅雅。

较为深刻地过这一生，别浪费了这生不带来死不带去的人间。

目录

卷一

犀　青　庄　鹿　豹
照　牛　蝶　蕉　隐

豹　隐

　　豹变，指的是刚出生的小豹子原来很丑陋，但逐渐会变得雄健而美丽，会从平凡变成卓越。但是变化的过程又是如何的？仅仅是淡定地等待，还是要应对非常剧烈的矛盾冲突？

　　豹隐，指的是南山有一种黑色的豹，为了使自己身上长出花纹，可以在连续7天的雾雨天气里不吃东西，躲避天敌。如果说豹变已经是一种结果，那么豹隐则说明了事情的过程和真相。对于凡人而言，精神本身是需要不断循环和升华的，不是一朝得道就恒定不变。成仙成佛，真是个别现象。

　　隐，不是找个地方藏起来就可以了。隐是一种斗争和煎熬，是一种历练和历险，是一颗初心的形成与修炼，并与外界的环境有所较量。

1. 豹变: 时代人物

"豹变"来源于《周易·革卦》: "上六, 君子豹变, 小人革面。"

刚出生的小豹子很丑陋, 但逐渐会变得雄健而美丽。这是一个漫长的过程, 不知不觉中, 平凡已化为卓越。豹变常用来比喻润饰事业、文字或迁善去恶, 也比喻地位高升而显贵。

木心曾写过一个"短篇循环体小说", 就叫《豹变》, 各篇既相对独立, 又彼此相连, 成为有着自己的结构原则的特殊作品。诗人天生喜欢写这样的文体, 总有浓厚的意象, 完整而多样的可能性和联想力, 如同女人临盆一样全盘托出。人都是在时代变迁中活着的, 人的内心要柔软、自在, 而精神要坚韧。

用豹变来形容这个时代许多创业成功且不断迭代蜕变的人，其实很形象。互联网时代孕育的一批企业家莫不如是。并不是只要有才华就能获得事业成功，只有将风云变幻的历史机遇和个人命运进行强势融合，才能造就这样的局面。初心与时代的感受力是一体的，也是彼此增强的。

2. 豹隐：爱惜自己

"豹隐"二字，出自《列女传》卷二《贤明传·陶荅子妻》。里面有一句原文："妾闻南山有玄豹，雾雨七日而不下食者"。意思是，南山上有黑色的豹子，为了使自己的身上长出花纹，可以在连续七天的雾雨天气里不吃东西，躲避天敌。后以"豹隐"比喻隐居伏处，爱惜其身，亦作"玄豹""豹雾"。另有"惭豹"，意指愧对隐居者。

"陶荅子妻"讲的是一个仗义的大女人的故事。陶国（今山西平遥）的大夫荅子是个贪官，上任3年，对老百姓有利的事情没做几件，自己却暴富起来，家里养着几百个仆人，车也有百辆。荅子的母亲也是个见钱眼开，不懂国法礼仪道德的人。妻子奉劝荅子："南山的豹子，即使下雨，七天不吃东西，也不愿意弄脏自己的皮毛，为的是隐藏自己，避免祸害；而猪啊，狗啊，什么都吃，一旦把自己养肥了，也就该被杀了。"她见丈夫不听，就带着儿子离家出走了。一年后，苔子果然被判了盗窃罪，伏诛被杀。她这时候反而回家了，因为要侍奉她的婆婆。《诗经》里有"百尔所思，不如我所之"，意思是所有的念头，都不如我坚持的初心和本分，说的正是陶苔子妻这样的人。

陶苔子妻故事的出处——《列女传》，小时候太古板，觉得我们是新时代青年，女性解放都多少年了，这种封建余毒还是敬而远之为好。后来翻看，发现里面的女子都有仗义的性格，感觉很过瘾。除了上文所述的"陶苔子妻"，我再讲讲书里越姬的故事。

越姬是越王勾践的女儿，嫁于楚昭王，很受楚昭王宠爱，同时受宠爱的还有蔡姬。

有一次，楚昭王带着她们登上云梦（今湖北孝感市）的狩猎园林旁的高台（"附社之台"），并发问："吾愿与子生若此，死又若此。"意思是，我活着与你们在这里游玩，死了就一同埋在这里。蔡姬情不自禁地满口答应，她说："我是我们国家奉献给大王的礼物，活着就陪大王玩乐，死了便与大王同去。"楚昭王马上让史官记下来——蔡姬愿意做我的陪葬。

楚王用同一个问题问越姬，越姬却说："我们越国与蔡国不一样，我们的教育是淫乐必亡，勤政才能拥有天下，而且我嫁给王的时候也没有约定要一起死。活要活得正直，死要死得正当。不明不白就去死，是不负责任。"

你看，会说话、会献宠的是蔡姬，不会说话、一本正经的是越姬。

又一次，蔡姬和越姬随楚昭王出兵救陈，天空中突然出现不祥之兆（"赤云夹日，如飞鸟"）。楚人信巫，史官说此等异兆，必须要一个大臣献出自己的生命才能替王躲过这一劫难。这时只有越姬挺身而出，一句"昔日妾虽口不言，心既许之矣"，遂自杀。越姬可以为君王施行德义而死，却不会为君王宴游而死。而那个蔡姬，人都不知道去哪里了。

等到楚昭王病重即将过世的时候，蔡姬更是杳无踪影。楚昭王的3个弟弟（子西、子期、子闾）都不肯继位，想立越姬的儿子熊章为王。熊章继位成楚惠王，重用3个叔叔，改革政治，与民休息，发展生产，使楚国国势得以迅速复苏，又先后平定白公胜之乱，灭亡陈国、蔡国、杞国，将楚国领土扩至东海、淮海、泗水一带，成为一方强霸。

我们每个人都应有心中的大事，在大事面前，绝不懦弱，快速决策。整个故事是越姬的豹变，也是越姬的儿子熊章的豹变。而越姬此前就像豹子爱惜自己的皮毛一样，坚持自己的初心，爱惜自己的精神，绝不妥协，但却在关键时刻献出自己的生命，成就了楚国的霸业。

我们这个年代，总是说要爱自己，做自己喜欢的事，而真正重要的是认识自己、爱惜自己，像南山的隐豹一样，积蓄起自己的力量，去做更为重要的事。

为什么人会成就传奇和故事？因为他们和别人不一样，特别是想的不一样。

3. 豹文化

猎豹是这样一种动物——它生活规律，日出而作、日落而息，一般是早晨5点前后开始外出觅食，它行走的时候比较警觉，会不时停下来东张西望，看看有没有可以捕食的猎物，也防止自己被其他的猛兽捕食。它一般是午间休息，午睡的时候，会每隔6分钟起来，查看一下周围有什么危险。一般来说，猎豹每一次只捕杀一只猎物，每一天行走的距离就是大概5公里、最多走十多公里。虽然它善跑，但是它行走距离并不远。是的，它虽然很有能力却并不贪心，时刻心存警惕和敬畏。它明确自己的狩猎目标，并懂得为之保存自己的力量，伺机而动。

豹在中国文化里是高尚的存在。豹髓是指名贵的蜡烛；豹胎出自《韩非子》，是指珍贵的肴馔，亦作"豢豹"；豹姿是指君子的仪容；豹蔚比喻君子、贤者风度姿容美好；豹袪是指袖口上用豹皮制成的装饰，指古代卿大夫的衣服；豹论是指谓长于兵法……

成语就更不用说了，熊心豹胆、豹死留皮、凤头豹尾、龙腾豹变、龙韬豹略、龙眉豹颈等均是有大气魄、大精神的词。

英国诗人西格里夫·萨松的代表作《于我，过去，现在以及未来》中有一句"心有猛虎，细嗅蔷薇"，和中国文化里的豹子精神，有点儿意境上的相似。人既要把自己过得强大，又要让内心保持柔软，在大事面前才能帮助自己也能帮助别人。人总是在矛盾中生活着，循环往复、周期更迭，要像豹子一样不贪恋，锻炼独立的意志，有自己的坚持和自己的优美。

豹隐：发现初心

人的独立意志和灵魂的养成，在人生中是非常重要的事情。每个人入世（"出道"）之前，都要有一个原生的自己，有一颗感应而生的"初心"。

在一个人 10 岁左右，就可以开始较为深刻地思考、感知自己和世界了。《礼记·曲礼上》："人生十年曰幼，学。"幼学是 10 岁的代称，只有幼时勤于学习，壮年才能施展抱负。

人不是生来只为了适应大工业时代的社会分工的，每个人都有巨大的可能性和发展潜力，都有修炼的底子，需要学习和历练，甚至需要闭关冷静思考。从我个人的人生经验来看，人的感受力，从 10 岁就开始逐渐养成。每个人看到的、听到的、闻到的、触碰到的、吃到的喝到的、肺腑感知到的、心灵通感到的，都不一样。中国先哲对我们说，"天地与我同根，万物与我一体"。每时每刻的遇见，都能成为通用素材；每个人每件事，都可以帮助我们修行。

初心，并不是无中生有，而是有灵性的。内心不是镜子，而是一种想象力的水源地，它本应像雪山一样，高洁简朴空灵。它成为水源地之后，要流到无限的大陆上去，将任何东西映照得清晰分明。"水无积无辽阔，人不养不成才"，进入世俗，不过饮食男女权势金钱，但内心有坚持的人，即便是在现实里偶然妥协，也蓄有内心的水源和地盘，天文地理都能尽情吸收，形成自己特有的心理序列和体系。而这个过程，10岁就应该开启了，它也许决定了一个人一生能走多远，即便发生危机也知道怎么挺过去，把自己的一生当成一段历史去塑造。

管理学有三重境界，第一境界就是自我境界，然后才是社会境界和自然境界。认识自我，爱惜自己，坚守自己的初心，才能做出自己的一番事业，开启一种人生。

所以，豹隐究竟是一种什么启示呢？

人生是一场修行，而内心要首先进入某个轨道，这种轨道是自我建设的结果，等有了这个"基础设施"之后，再用各种势力来支撑内心继续修炼。因内心想的和别人不一样，所以更加尊重自己，爱惜自己，做出一般人无法做出的抉择；因内心需要滋养，所以每天有时间应该尽量和自己对话，偷不得懒，要提炼升华自己生活中的经验和得失。灵性，并非完全属于天赋和环境影响，一定程度上也是自我训练的结果。

回到经典的管理学，法约尔认为："想出一个计划并保证其成功是一个聪明人最大的快乐之一，这也是人类活动最有力的刺激物之一。这种发明与执行的可能性就是人们所说的首创精神。建议与执行的自主性也都属于首创精神。"灵性也可以这样被训练出来，就像那头黑豹，为了使自己的身上长出花纹，可以在连续7天的雾雨天气里不吃东西，就是训练自己，磨砺自己。

鹿蕉

鹿蕉，是指梦幻、人间得失。既然得失都是一场梦，那么内心的计较岂不是一场"徒伤悲"。人们总是在事过境迁之后有所体悟，但当局者常迷，迷有迷的美，也有迷的痛。

陶渊明写道："吾生梦幻间，何事绁尘羁。"隐士、樵夫和路人，似乎总会给人带来持久的、新鲜的体验，仿佛从高山流水中走来，这大概就是梦幻的高深境界。

1. 鹿蕉：人间得失

"鹿蕉"又称"鹿梦""鹿迷"，亦作"蕉鹿"，典故出自《列子·周穆王》，意指人间的得失荣辱皆为梦幻。既然在人间谁也逃不掉，那我们就认真说说。

郑国有个人在野外砍柴，碰到了一只受惊的鹿，便迎上去将它打死了。他怕别人看见，就急急忙忙地把鹿藏在没有水的池塘里，并用砍下的柴覆盖好（注："蕉"通"樵"）。想着自己竟遇上这等好事，砍柴人高兴得飘飘然起来。过了一会儿，他却忘了藏鹿的地方，还以为刚才做的是一个梦，一路上自言自语念叨这件事，就被路人甲听到了。路人甲按照砍柴人所说的还真找着了，便把鹿取走了。路人甲告诉妻子，刚才有个砍柴人做的梦真准啊。妻子说："是他做梦还是你做梦，或许是你做梦梦到了那个砍柴人。"

故事还没有结束，砍柴人不甘心丢了鹿，晚上竟梦见了路人甲的"所作所为"，第二天还找到了路人甲的家。两人互不相让，都坚持说鹿是自己的，让法官判，法官判此鹿平分。郑国的国君知道此事后，问宰相怎么看，宰相说："醒着和梦着只能黄帝和孔丘才能分辨了，现在只能听法官的了。"

道家的列子和庄子，总有浪漫的故事可讲。最著名的"庄周梦蝶"，是庄子对梦中变化为蝴蝶和梦醒后蝴蝶复化为己的描述与探讨，提出了人不可能确切地区分出真实与虚幻的观点。

列子也在说类似的故事——"鹿蕉"。不知道谁在做梦，不知道什么是现实。就像清代孔尚任在《桃花扇》里写的："金陵玉树莺声晓，秦淮水榭花开早，谁知道容易冰消！眼看他起朱楼，眼看他宴宾客，眼看他楼塌了。"

清代的这段古话道出了如今多少孤胆英雄们的一生。多少人在为梦想窒息？多少人又努力奔向诗和远方？远方是现实还是梦？不得而知。如今这个世道，魔幻现实主义越来越盛行，虚构的文本设计与现实的自我演绎，越来越相互接近，大部分的现实情节甚至比以冲突为重点的剧本更为夸张，"艺术已经难以高于生活"成为了新的困顿。

据说世界上文字的发明，最初都是为首领和宗教活动服务的，文字天生带着自我实现能力和预见性，它们最初被刻在巨大的酒杯或方鼎上得以流传下来，还天生带着诗意。我们这些读书写字、生活在文字里的人，不知道常在梦里还是常在现实里。

2.《列子·周穆王》

经常听老人和前辈摇着头感慨，人生就是梦一场。阅读《列子·周穆王》全篇，里面都是在讲梦幻和幻化。

周穆王（约前 1054 年至前 949 年）是何许人也？他姬姓，名满，在位 55 年，传说享寿 105 岁，是西周在位时间最长的君王。周穆王是中国古代历史上最富于传奇色彩的帝王之一，世称"穆天子"，统一四夷，西征昆仑。周穆王时制定的《吕刑》，是中国流传下来最早的法典。

列子从周穆王的神游开始讲起。说是有个来自最西方的幻化人，嫌周穆王现在的皇宫、饮食、美女等都不太上档次，于是周穆王倾尽国力改善条件，但还是没有得到幻化人的满意。幻化人就带着周穆王腾云驾雾来到了自己的宫殿，里面都是人间没有的东西，周穆王甚至以为自己来到了天帝所居住的地方，想起自己住的地方，确实像一堆土块和茅草。总之那里的一切都美得令人意志昏迷。周穆王神游回来，3 个月才恢复正常。

之后周穆王神游上了瘾，还用天下最好的八种骏马驱驰一千里，到了巨蒐氏国。巨蒐氏献上白鹄的血液供穆王饮用，准备牛马的乳汁供他洗脚，还让他登上崑山巅，观览了黄帝的宫殿，又跟西王母在瑶池宴饮，一天间能走一万里。穆王一生中享尽了快乐，活到一百多岁才死。列子感慨，周穆王命真好。

另一个故事是老成子跟尹文学幻化之术，尹文3年都没有教他，老成子想退学。尹文跟他说，一切有生命的气，一切有形状的物，都是虚幻的。创造万物的开始，阴阳之气的变化，叫做生，叫做死。懂得这个规律并顺应这种变化，根据具体情形而推移变易的，叫做化，叫做幻。生死和幻化没什么不同，我和你就在幻化着，为什么还要学习。老成子把这话揣摩了3个月，就能自由自在地时隐时现，还能变幻四季。列子认为，善于幻化的人，他的道术隐秘而平常，三皇五帝的德行，也许不一定来自智慧和勇气，也许来自幻化。人的一生，平平常常或者大起大落，不过就是幻化的过程不一样。宿命这东西，就是很任性，但人不管是什么命，都能从中参透悟道。所谓醉生梦死，还是夙夜匪解，都是状态而已。人的一生要调整过来，首要的是调整状态。

什么是醒着，什么是梦着？也许真的只有黄帝和孔丘才分辨得出，但列子也试着回答。

醒着有八个征兆：重复过去的事情、做新的事情、有所收获、有所丧失、有所悲哀、有所喜悦、即将新生、即将死亡。

有六种原因形成的梦：自然而然的梦、吃惊而梦、思虑过多而梦、悟道而梦、高兴而梦、畏惧而梦。

列子认为，精神与事物相遇便成为梦，形体与事物接触便成为事。所以白天思虑与夜间做梦，都是精神与形体遇到某些事物的缘故。古代的真人，醒着的时候连自己也忘记了，睡着的时候也不会做梦。

醒着的人，就是在人间的荣辱得失中反复折腾的人。宋国阳里的华子中年得了健忘症，鲁国有个儒生自我推荐说能治好他的病，华子的妻子儿女说愿意用一半家产做报酬。儒生单独和他待了7天，病治好了，华子清醒了之后，大发雷霆，休掉妻子，惩罚儿子，并拿起戈矛驱逐儒生。他说，他害怕存亡、得失、哀乐、好恶再一次扰乱身心。

梦着的人，也许是幸福的人。周朝有个姓尹的人大力发展家业，他一心经营世间俗事，白天脑子累，晚上做梦还要梦见自己做了奴仆。而他家里的老仆人，白天累得筋疲力尽，晚上总能梦见自己当了国王饮宴游玩。在人世间汲汲营营，是不可能得到幸福的，而朴素至简，或许可以得到幸福。

人们就是在梦境和清醒之间徘徊，有些人竟不知道自己身在何处。列子还讲到一个故事，最西方的南角有个国家，叫古莽之国，那里的人不吃饭不穿衣，经常睡觉。50天一醒，把梦中的所作所为当做真实，把醒来的所见所闻当成虚妄。四海的中央有个中国，阴阳平衡，白天黑夜分明，人们认为醒的时候是真的，梦的时候是虚妄的。另外还有一个国家是最东方的北角的国家，叫阜落之国，他们的子民一直醒着，不用睡觉。无所谓对错，无所谓是非，只是，人与人之间的状态本身就是有差别的。

戏中戏，梦中梦，影中影，亭台楼阁，廊桥水榭，不知身在何处，有何境遇。这个世界的人相互扶持、相互劝慰，或许才是最后的暖色。我们都有梦想，梦想不必挂在嘴上，挂在嘴上久了，会不知道自己是醒着还是梦着。

3. 鹿文化

为什么要写鹿？因为鹿也同豹一样，在中国文化中地位卓越。逐鹿中原，是群雄争夺天下；天鹿，是汉族人传说中的灵寿，是祥瑞之物；南极仙翁（寿星）的坐骑是白鹿精；佛教中也有一个坐鹿罗汉；鹿树是菩提树的别称；鹿韭是牡丹的别称……

《诗·小雅·鹿鸣》中有"呦呦鹿鸣，食野之蒿"。诺贝尔奖得主屠呦呦的名字便来源于此句，甚至她的功绩都蕴含在此句中。她生于宁波的名门望族。2018 年 1 月 5 日，新华每日电讯报道："获诺奖两年以来，屠呦呦团队深入研究发现，双氢青蒿素对红斑狼疮有独特效果。"青蒿素真是好东西，不仅能降低疟疾患者的死亡率，还能为中药立足世界做出贡献。

得失荣辱，都要经历，经历之后就当成是梦幻吧。然后，留下几个关键的事实记录在自我的历史上，无愧于心就行。

作家、哲学家、数理逻辑学家罗素先生（1872—1970 年）生前留下一段影像资料。可以用文字来描述一下这段影像——

记者问："如果您要留下一段话，像《死海古卷》那样，一千年以后才会被看到，你会对他们说什么，有关你的一生及感悟。"

罗素答："一是关于智慧，二是关于道德。不管你是在研究什么事物，还是在思考任何观点，只问你自己，事实是什么，以及这些事实所证实的真理是什么，永远不要让自己被自己所愿意相信的，或者认为人们相信，会对社会更加有益的东西所影响，只是单单去审视，什么才是事实。道德这一点，十分简单。我要说，爱是明智的，恨是愚蠢的。在这个日益紧密相连的世界，我们必须学会容忍彼此，我们必须学会接受这样一个事实，总有人会说出我们不想听的话，只有这样，我们才有可能共同生存。

假如我们想要共存，而非共亡，我们就必须学会这种宽容与忍让，因为它们对于人类在这个星球上的存续是至关重要的。"

在所有内心梦幻无序的状态中，人们首先要提取智慧和道德。虽然这很艰难，并不是所有美好的东西人们都会去追求，因为追求本身也是一件困难的事情，追求者只能孤独地坚持"吾道一以贯之"。

鹿蕉：梳理想象

在人生有了初心之后，就应该去追寻无限的想象力和可能性。列子认为，人生不过做梦和做事而已。精神与事物相遇便成为梦，形体与事物接触便成为事。而内心掌管精神与事物相遇的可能性和方式。

《礼记·内则》有："十有三年，学乐、诵诗、舞勺。"十二三岁正是学习各类新鲜事物的最佳年龄，也是系统地培养想象力的关键时期。人生之梦，可以从十二三岁就开始系统地设计了。

对女子来说，12岁是金钗之年，南朝梁武帝萧衍《河中之水歌》有云："头上金钗十二行，足下丝履五文章。"13岁是豆蔻年华，唐代杜牧《赠别》一诗有："娉娉袅袅十三余，豆蔻梢头二月初。春风十里扬州路，卷上珠帘总不如。"

此外，很多作家和艺术家，或是在十二三岁寻找到特别有机缘的事物，作为内心的寄托，比如聂鲁达、席慕容等；或是在十二三岁发生了人生变故，获得了深刻认识自己、认识社会的契机，比如鲁迅、安妮·弗兰克等。

管理人生，就是为了将想象中的可能性变成现实中的确定性。可能性就像萤火虫，而确定性就像灯塔。内心是个连续不断的整体，有时候它无法区分梦想和现实，没有明确的界限。它是一场停不下来的戏剧，博大精深，有时候显得荒诞，有时候显得魔幻，有时候也可以波澜不惊。

内心确实是创作的源泉，它没有边界，可以穿透过去、现在和未来。它赋予人类人人平等的局限性和可能性。人不管是什么命，都能从中参透人生。列子说："生非贵之所能存，身非爱之所能厚；生亦非贱之所能夭，身亦非轻之所能薄。"生命不是因为尊敬它就能长久存在，身体不是因为爱惜它就能壮实；生命也不是因为轻贱它就能夭折，身体也不是因为轻视它就能羸弱。

每个人都有独特的内心世界。有一种管理学的定义是："管理是设计一种环境，使人在这种环境里能高效地实现组织的目标。"设计能力，是这个时代的人最尖锐的能力，这种尖锐可以进入任何领域，刺穿故事和现实的层层关卡。现实世界是科技驱动的世界，但别让科技束缚了想象力。创新者常常运用科学发现进行创造，但他们真正的创新在于，能够想象出此前不存在的产品和流程。

梦幻，排在人间得失之前。尽管外界的反馈很重要，但外界的得失，都无法妨碍源于我们内心世界的持续创造，因为内心世界是丰富的，拥有着巨大而不可知的力量。在美国管理学家泰勒开启的科学管理之外，在大数据分析如此发达的今天，或许不那么依赖数据分析，而是更注重想象、实验和沟通的人性化管理，才是今天的人们所需要的。这些年，人工智能之所以发达，是因为人将自己的自学能力赋予了机器。2012年左右，机器对物体的识别正确率仅有75%，而人类是95%。2016年，机器正确率已经达到97.1%。未来，机器将被数据驱动而获得想象力，而人怎么能没有更好、更深刻的生命体验和想象力呢！

　　这个世界的未来，是由想象力构建的。无论是面对人类社会共同的挑战，还是获得对于这个世界的内心感受，我们都要不断努力，不断释放自己的想象力，去引领人生，去创造未来。

庄蝶

　　庄蝶，典故名，典出《庄子·内篇·齐物论》。庄子认为生与死、祸与福、物与影、梦与觉等，都是自然变化的现象，圣人任其自然，随之变化。

　　列子谈论梦幻，只是他的一部分。而庄子谈论梦幻，却用尽了"自己"。要让内心的意志稳定，就需要哲学的帮助。庄子是内心世界发展史上第一位哲学家。他说："相视而笑，莫逆于心。"

1. 庄周梦蝶

"昔者庄周梦为胡蝶，栩栩然胡蝶也，自喻适志与！不知周也。俄然觉，则蘧蘧然周也。不知周之梦为胡蝶与，胡蝶之梦为周与？周与胡蝶，则必有分矣。此之谓物化。"

庄周梦蝶，蝴蝶真是一种幸运的动物，可以跟庄子放在一个层面。

这两三年从事媒体相关的工作，比以往任何时候都觉得世事变幻莫测，所以这个时候，似乎重读《庄子》更有意义一些。

内心应该有深厚而隆重的一套思想存在，并保证自己的一生为此服务，让自己进取而升华。人们常说中国人没有信仰，其实不然。因为在中国有不少圣贤，在无私地发展自己的内心世界，并梳理出自己的一套思想体系。

一个思想体系，并不一定要发展成一个教派，只需要真实地影响人心就可以了。从这个意义上说，中国人是有朴素的平等主义的，没有上帝和教主，只有不断奋斗、发展的人心道义。

2.《庄子》

学习《庄子》，首先要明白几个天然夹带主旨思想的词。

第一个词，是"物化"。

"物化"一词在庄子里出现数次，如"知天乐者，其生也天行，其死也物化。静而与阴同德，动而与阳同波"。意思是通晓天乐的人，活在世上顺应自然地运动，离开人世混同万物而变化。平静时跟阴气同宁寂，运动时跟阳气同波动。

"天乐"是什么？就是与自然和谐，"物化"在这里指"同万物而变化"。

又如"工倕旋而盖规矩，指与物化而不以心稽，故其灵台一而不桎"，意思是工倕随手画来的圆，就胜过用圆规与矩尺画出的，手指跟随事物一道变化而不须用心留意，所以他心灵深处专一凝聚而不曾受过拘束，"物化"在这是指"随事物一道变化"。工倕是尧时代的匠人，我国工匠精神源远流长，技艺都是神乎其神，"庖丁解牛"这样的故事并不鲜见。

再如"仲尼曰：'古之人，外化而内不化；今之人，内化而外不化。与物化者，一不化者也。安化安不化，安与之相靡，必与之莫多。'"意思是孔子说，古时候的人，外表适应环境变化但内心世界却持守凝寂，现在的人，内心世界不能凝寂持守而外表又不能适应环境的变化。随应外物变化的人，必定内心纯一凝寂而不离散游移。对于变化与不变化都能安然听任，安闲自得地跟外在环境相顺应，必定会与外物一道变化而不有所偏移。

这句话很有意思，"外化""内化""物化""安化"纷纷冒了出来。"外化"是外表适应环境；"内化"是内心受环境干扰，不能凝寂持守；"物化"是同万物变化；"安化"是安然听任变化。顺应外物变化的人，内心必定纯一凝寂而不离散游移，安然听任变化与不变化，与外物一道变化，并且不会有所偏移。如下面这个得道了的冉相氏，他就能做到"日与物化者，一不化者"（即：天天随外物而变化，而其凝寂虚空的心境却一点也不会改变）。

外物变化，外表适应环境，内心始终如一。这就是庄子反复告诉我们的东西。

"物化"，如果简单解释成"同万物变化""顺应万物变化"，还是不太明白到底是怎么回事。"物化"最完整的解释出现在"庄周梦蝶"这个典故里，即物我的交合和变化。那是个神奇的交互过程，如同庄周与蝴蝶一样，在双方本质不变的情况下完成了交互，谁也没有改变，谁也没有损失，谁也不成功，谁也不失败，就像能量守恒的公式一样。我们如今追求的"万物互联"，从思想层面上，就是这个意思，让了我们的内心更加坚定沉着。

第二个词，即"天籁"。

除"天籁"外，还有"地籁""人籁"。子游曰："地籁则众窍是已，人籁则比竹是已，敢问天籁。"子綦曰："夫吹万不同，而使其自己也，咸其自取，怒者其谁邪？"

解释一下，子游说："地籁是从万种窍穴里发出的风声，人籁是人们从各种不同的竹管里发出的声音。那什么是天籁？"子綦说："天籁虽然有万般不同，但使它们发生和停息的都是出于自身，发动者还能有谁呢？"直译过来似乎仍然令人迷惑。要看完整个《齐物论》才能明白。"天籁"，其实是心感万物所发之言，就是"物论"。物化是同万物变化，物论是感万物而言。庄子真是巧妙，《齐物论》以庄周梦蝶结尾，齐"物论"就是齐"心"，为了"丧我"，蝶我皆忘，即是自然本心没有迷惑与困扰。

第三个词，是"葆光"。

"孰知不言之辩、不道之道？若有能知，此之谓天府。注焉而不满，酌焉而不竭，而不知其所由来，此之谓葆光。"意思就是：谁能真正通晓不用言语的辩驳、不用称说的道理呢？假如有谁能够知道，这就是所说的自然生成的府库。无论注入多少东西，它不会满盈；无论取出多少东西，它也不会枯竭。而且也不知这些东西出自哪里，这就叫做潜藏不露的光亮。

《庄子》里充满了辩证、矛盾统一的事物。成玄英注疏："葆，蔽也。至忘而照，即照而忘，故能韬蔽其光，其光弥朗。"

我们熟知的处世哲学"韬光养晦"即与"葆光"一词类似。韬光养晦的底气是自己有永不枯竭的才能和勇气。"韬光"最早出现在南朝梁国太子萧统所写的《靖节先生集序》的序里："圣人韬光，贤人遁世"。"养晦"的字面意思是隐形遁迹，修身养性，引申之意为隐退待时。《诗经》中就有"遵养时晦"之记。其实《庄子》里的"葆光"，早就把这些意思表达得很全面了，有才智而不外露，深藏不露，即是大智慧。

第四个词，是"县解"。

简单解释就是解除"倒悬之苦"。倒悬，即人被倒挂者，处境困难。据说，佛教就有这样的语言形容人生之苦，梵语"盂兰"，中文即译为"倒悬"，意思是人生前若作恶多端，死后魂魄便沉沦于闇（àn）道，有倒悬之苦。人类的思想是相通的，苦难也是相通的，所以宗教可以突破国界。

《庄子·养生主》里写道："适来，夫子时也；适去，夫子顺也。安时而处顺，哀乐不能入也，古者谓是帝之县解。"说的是，老聃死了，他的朋友秦失前去吊丧，对老聃弟子说的话——"偶然地来到世上，你们的老师他应时而生；偶然地离开人世，你们的老师他顺依而死。安于天理和常分，顺从自然和变化，哀伤和欢乐便都不能进入心怀，古时候人们把这样做叫做自然的解脱，好像解除倒悬之苦似的。"

这里讲一个人，叫孙禄堂（1860—1933 年），他是中华武术的集大成者，甚至被称为"中华最伟大的武术家"，他还自学了《易经》等传统文化思想。74 岁时，他向夫人预言自己要去世了。夫人让他做全面体检，中西医什么问题都没有检查出来。这年秋天，孙禄堂回到故里，每天习拳练字，不吃不喝 20 天。第 21 天时，他对家人说，仙佛来接引了，让家人去户外烧纸，并嘱咐家人不要伤心痛哭："吾视生死如游戏耳。"中华文化的这种传承方式，真的是靠心去继承的，而洒脱看待生死的人也始终存在。

第五个词，是"鉴于止水"。

《庄子》里还记载着许多孔子的话。如仲尼曰："人莫鉴于流水而鑑于止水，唯止能止众止。"意思是一个人不能在流动的水面照见自己的身影，而是要面向静止的水面，只有静止的事物，才能使别的事物也静止下来。

我们这个年代的人太浮躁了，怎么可能有"正见"（注：佛教用语，关于人生真理的彻底领悟）？怎么可能有真正的自我？怎么可能逍遥游？囿于一隅之见、一偏之好，心有所取、执以为得，心被物染着，失之不净。

我一直有一个疑问，为什么乱世里的人反而能算得准别人的命运？比如民国时期的张其锽，他是聂缉椝（曾国藩女婿）的女婿，也是文武全才。他不仅会读经写字作文，而且懂军事知识。在当县令期间中了盗贼埋伏之后，广求武艺高师，刻苦练习，最终能够以一抵十，可见其心智、毅力和行动力都非常强大。更重要的是，他还能射覆和占卜，射覆是中国文化高雅技艺，近于占卜术的猜物游戏，即便别人换了物品，他也能猜中。但他跟随了吴佩孚，张其锽算准了自己的 51 岁大限，最后仅两个月误差，他也算准了他岳父的大限。其实张其锽如果执意离开吴佩孚，闭门十年读书的话，本来是可以改命的，但他视吴为生死之交。正如余世存先生所讲："一切想改变命运的人，都需要洗心退藏于密，才能有虚室生白吉祥止止之效。"（注：《庄子·人间世》写道：瞻彼阕者，虚室生白，吉祥止止，意思是，心无任何杂念，就会悟出"道"来，生出智慧，喜庆好事将不断出现）。原来，越是乱世，越要生驻葆光，内心越要隐秘安宁。

第六个词，是"撄宁"。

"撄宁"的意思即不受外界事物的纷扰，保持心境的宁静。这是庄子所倡导的极高的修养境，能够做到这一点也就得"道"了。

《庄子·大宗师第六》说道："吾犹守而告之，参日而后能外天下；已外天下矣，吾又守之，七日而后能外物；已外物矣，吾又守之，九日而后能外生；已外生矣，而后能朝彻；朝彻，而后能见独；见独，而后能无古今；无古今，而后能入于不死不生。杀生者不死，生生者不生。其为物，无不将也，无不迎也；无不毁也，无不成也。其名为撄宁。撄宁也者，撄而后成者也。"

意思是：我还是持守着并告诉他，3天之后便能遗忘天下；既已遗忘天下，我又凝寂持守，7天之后能遗忘万物；既已遗忘万物，我又凝寂持守，9天之后便能遗忘自身的存在；既已遗忘存在的生命，而后心境便能如朝阳一般清新明彻；能够心境如朝阳般清新明彻，而后就能够感受那绝无所待的"道"了；既已感受了"道"，而后就能超越古今的时限；既已能够超越古今的时限，而后便进入无所谓生、无所谓死的境界。摒除了生也就没有死，留恋于生也就不存在生。作为事物，"道"无不有所送，也无不有所迎；无不有所毁，也无不有所成，这就叫"撄宁"。

庄子里有个得道的不老女神——"女偊"，即最古老版本的"天山童姥"。南伯子葵问她怎么得道的？她说，遗忘天下，继而遗忘万物，继而遗忘自己，那时候心境就会像朝阳，就能感受到了"道"，继而能够超越时空，无所谓生死。

这个方法多么直白。如何求得内心的安宁？首先要学会的便是遗忘。之后"道"就出现了。等到人们认识了时空、经历了岁月循环之后，仿佛就能慢慢超脱生死。也就是说，我们内心世界的"鹿蕉"，都全数接纳，又面向通透之后，真正的自然之法就习得了。

这里再提一个人——陈撄宁，他对近现代道家文化贡献最为突出。15岁时，他得了肺结核，当时无药可医。他就自学中医与道书养生，并立志"费四十载光阴，阅千百部秘籍，打起全副精神，专求这一件事"。他是明《道藏》编定以来，屈指可数的几个通读全书的人之一。他至少师从5位名师，掌握多种秘而不宣的摄生、养生之道，尤其对养生中的静功有着深刻的研习，他把"听息法"跟庄子的"心斋"相联系，"无听之以耳，而听之以心；无听之以心，而听之以气；听止于耳，心止于符。气也者，虚而待物者也，唯道集虚，虚者心斋也。"通过静功来降低精神能量的损耗，摆脱精神困扰。

在这个"浮名浮利不自由"的世界里，我们不必经常成群结队地学习社交知识，而要懂得自学和内修，保持个人心境的宁静。

3. 蝶文化

蝴蝶是中华文化的典型意象，它象征着自由、美丽，甚至象征灵魂和死亡。破茧成蝶、花飞蝶舞、蝶意莺情、羽化成蝶、鹏游蝶梦、韶华蝶梦、蝶恋花，都充满了无穷的浪漫和想象力。而西方的蝴蝶，则没有那么自由与美好，它们更多的是标本、被束缚的藏品。

中国古人认为，死亡并不是终结，躯体死亡之后，灵魂会如蝴蝶一般飞出，最经典的是梁祝化蝶。封建时代，人们将蝴蝶视为一种自由的表达。人本来就拥有着美好的灵魂，却轻盈而弱小，以至于太过理想化而缺乏真实的抗争力，于是人们把希望寄托在梦中的世界、幻想中的世界。

如果说庄子是中国式浪漫主义的开端，那么蝴蝶则是当之无愧的浪漫源头。庄子贡献了中国文化中关于生死、关于存在的独特思想，甚至具有世界性意义。庄子的思想是包罗万象的，事物皆"固有所然，固有所可"，没有绝对，都是相对的。他的意境宽广，涵盖力极大，就像一只蝴蝶最终煽动了一场飓风一样。他的存在，使得文化间得以相互融合，六朝佛学在一些语境里，就是援引了《庄子》的名词和概念，才把佛经翻译出来的。禅宗里的"自然"观念里也渗透着庄子的元素。

生死的意义，由翩翩起舞的蝴蝶携带，举重若轻。我们并不需要来生，就能获得片刻的安宁和幸福，超脱与永恒，这就是庄子给国人最珍贵的财富。笔者认为，最好的中国哲学入门，应该从庄子开始，不会痴迷，也不会沉重，而是会心生欢喜。

庄蝶：哲学入门

人有了初心和用之不竭的想象力之后，就可以开始学习哲学了，而庄子正是哲学入门的引路人。他说过很多名句："相视而笑，莫逆于心""天地与我并存，万物与我为一""日出而作，日入而息。逍遥于天地之间，而心意自得""夫虚静恬淡寂漠无为者，万物之本也""无听之以耳，而听之以心"等。

可以说，正是庄子的这些思想，带我进入了中国古典哲学的门径，令人着迷。我从小也最喜欢蝴蝶，记得小时候写作文时，窗口总能飞过许多蝴蝶，走过院子里常走的那条小路，也能偶遇蝴蝶之吻。庄子对我意义非凡。

人在十三四岁时，就可以进行哲学入门了。可以先学习一个基础思想，然后再接纳别的东西。中国文化本身就具有非常大的包容性，所以从诸子百家哪一门入手都没有太大的关系。不过，这个基础思想最好不是专注于某个领域的片面思想，而是包罗万象的思想，而《庄子》就能担当此任。

就像蝴蝶身上的花纹一样，蝴蝶的纹路里包含了许多其他动物的斑纹，比如猫头鹰蝶、大豹斑蝶、中华虎凤蝶等，蝴蝶身上似乎容纳了世界，万事万物是相通的。

人生短短数十年或百年，若是有了逍遥游的心态，即便性格再偏执，也能及时挽救自己于无聊与痛苦的水火之中。

所以从小要培养一颗知己（感知自己）的内心，然后让这颗内心陪自己生长，作为"旁观者"观察自己，形成自己独特的观点和风格。从这个世界路过，就要与这个世界建立起感情，去了解世界为何能长存，如何能不朽。

内心要随着万物变化，就是"物化"。内心感应万物，就是"天籁"。内心应该深藏不露，外表才能不动声色，才能面对痛苦和波折不断的人生。内心要安宁，只有静止的水才能照见这个世界。同样，只有不受外界干扰的内心，才能宁静，这就是庄子所谓的"撄宁"。能够给人们创造内心福祉的思想，即为大智慧，在这样的人生理念治理下，心就会悠然。

西方管理学上，也有蝴蝶效应（The Butterfly Effect）一说，它是指在一个动力系统中，初始条件下微小的变化能带动整个系统的长期且巨大的连锁反应。这是一种混沌现象，任何事物的发展既有定数可循，也存在不可测的变数。管理"变数"，不就是管理人生吗？从这个层面上说，人类与动物的启示是共通的。

青牛

青牛全名"板角青牛"，是太上老君的坐骑。它是上古瑞兽，传说逢天下盛，而现世出。另一说，青牛代表着东方大地。这里是指老子倒骑青牛的典故：老子倒骑青牛，过函谷关，挥笔作《道德经》五千余言。

《道德经》正是一首古老的长诗。

南怀瑾说人生最高境界："佛为心，道为骨，儒为表，大度看世界。技在手，能在身，思在脑，从容过生活。三千年读史，不外功名利禄；九万里悟道，终归诗酒田园。"

内心悟道，皆是诗。无为的基础，是已经早有大道初心。

1. 老子倒骑青牛

有一种说法是，《山海经·海内南经》里的"兕"（sì）就是青牛。"兕在舜葬东，湘水南。其状如牛，苍黑，一角。"上古瑞兽"兕"，状如水牛，全身呈现青黑色，有独角兽那样的犄角。传说中，"兕"是太上老君即老子李聃的坐骑。

还有一种说法：东方是青色，属木；西方是白色，属金；南方是红色，属火；北方是黑色，属水；中央是黄色，属土。青代表东方，牛代表大地（注："坤像地任重而顺，故为牛也"。坤为牛，即牛是负载生养万物的大地），东方大地，一片生机，乃自然大道。老子倒骑青牛，就代表掌握自然大道的东方圣人。

为什么是倒骑？因为正着骑是人为在驾驭，而倒着骑则是顺其自然。在中国传统文化中，代表道家的老子、庄子、列子，是我认为的最浪漫、最具诗意的三个思想家和哲学家，我甚至认为他们才是中国文化的自由、浪漫、隐逸的源头。

其中，又以老子《道德经》的传世最为纯粹飘逸。据《史记·老子韩非列传》记载，老子倒骑青牛路过函谷关时，"关令尹喜曰：'子将隐矣，强为我著书。'"于是老子乃著书上下篇，言道德之意五千余言而去，莫知其所终。老子告诉关令尹喜"道德"之意后，就消失不见了。

老子倒骑青牛，《道德经》是一首诗。

2. 道是什么？德是什么？

很难有人说得清楚"道"是什么。老子自己在《道德经》中都说，"天下皆谓我道大，似不肖。"（意为：天下人都说我所说的道太过普泛了，很难加以具体把握）。

道是虚无的，它是宇宙的本源，生化万物的根本。它有自己运行的特征，就是正反之间的出入自如；它有自己的施用特性，就是柔弱灵动，因势而为。有三种法宝可以感应大道的存在：第一是慈爱，第二是俭约，第三是"不与天下争得利之先"。

"道之为物，惟恍惟惚"，道化生万物的过程表现为恍恍惚惚的不确定性。

"天地之间，其犹橐（tuó）龠（yuè）乎，虚而不屈，动而愈出"，天地之间，不正像是气囊或空管那样的大空泡吗？它虽空虚但却不会塌缩，运行之中生化不息。

以上两句连在一起解释，用现在流行的话来说——世界就是一个巨大的泡沫，道是终极的不确定性，道的运行维持着这个泡沫。如果要维持泡沫不被戳破，那就要靠大道来支撑。

德是什么？马王堆帛书版《德道经》，"德篇"在"道篇"之前。第一章即为"论德"。

"上德不德，是以有德。下德不失德，是以无德。"意思是有最高德行的人，不去追求德行，也不以有德为荣，这种人才是真正有德之人。下德之人每天坚持让自己的行为符合德行，从来不做不符合德行的事情，这种人反而不是真正的有德之人。

所谓"故失道而后德，失德而后仁，失仁而后义，失义而后礼"，德在道之后，在仁之前。具体而言，"清、宁、灵"等，都是德能的表观，即天因为浑融一体而清明，地因为浑融一体而宁定，精神因为营魄抱一而活灵。

深得于道，就有玄德。什么是玄德？"生而不有，为而不恃，长而不宰，是谓玄德。"意思是生育它而不拘系自有，成就它而不执为仗恃，得尊重而不肆行主宰，这就叫做有了无限深厚的德。

总之，道生化万物，德养育万物。

3.《道德经》是一首诗

为什么说《道德经》是一首诗？

千言万语，有天地之情，天地之理，而这几乎就是终极的诗意。诗意是什么？诗意在我眼里就是浓得化不开的、开创性的、激发人心思考和遐想的、最终极的思想所呈现出来的美好，它在我心中无比明亮而闪耀。

《道德经》中多处谈到了"明"。

"归根曰静，是曰复命。复命曰常，知常曰明。"意思是说归结到根本，它们就显示出始终如一的清静，这就叫做恢复到"本来"。懂得恢复"本来"就叫做达成了生存的恒常，懂得达到生存的恒常就叫做有明于道。

"明"就是"明于道"。比如，在诗人眼里，就是获得了终极的诗意和想象力。

《道德经》中说到的"袭明"，意思是含而不露的明。类似《庄子》里的"葆光"，意思是潜藏不露的光亮。

"是以圣人常善救人，故无弃人；常善救物，故无弃物。是谓袭明。"圣人通常留心于救护人，所以没有被遗弃的人，通常留心于修复物，所以没有被废弃的物。这就可以说有了含而不露的明。（《德道经》里的说法是："是以圣人恒善迷人，而无弃人，物无弃财，是谓曳明。"）

秦朔朋友圈第一本作者合集叫做《夜空中最亮的星》，我发现在很多财经场景中，人们越来越会把自己当做一颗星星去寻找一片星空，而不是争锋，去当太阳和月亮。恐怕是无意间，大家都学起了老庄吧。未来几年，可能会有不少人从创业圈和投资圈功成身退，做自己愿意做的事情。

"微明"，意思是不引人注意的明道境地。"将欲歙之，必固张之；将欲弱之，必固强之；将欲废之，必固兴之；将欲取之，必固与之。是谓微明，柔弱胜刚强。鱼不可脱于渊，邦之利器不可以示人。"

想要收束它，必须暂且扩张它；想要削弱它，必须暂且增强它；想要废黜它，必须暂且兴举它；想要执取它，必须暂且给予它。这就叫做不引人注意的明道境地，是柔弱战胜刚强的机理所在。鱼不可以离开深厚的水体而生存，国家的有效力的凭恃不可以轻易展示于人。回到前文所述，道的施用特性，即柔弱灵动、因势而为，"微明"是"道"在世俗应用场景里最好的方法。

再说一个词"袭常"，即内在于生存的恒常。"见小曰明，守柔曰强。用其光，复归其明，无遗身殃，是谓袭常。"意思是具有敏锐的觉察能力，是行为者内在明澈的表现；能柔弱灵动地因应而行，体现了行为者真正的强健。发射探测之光，反馈给明澈的自体，有效地避免各种祸患，这就叫做内在于生存的恒常。

如何避免祸患也是老子一直在强调的问题，"盖闻善摄生者，路行不遇兕虎，入军不被甲兵；兕无所投其角，虎无所用其爪，兵无所容其刃。夫何故？以其无死地。"怎么做到"根本就没有可以让人致其于死命的要害部位"，靠的就是明于道，要先懂得"袭明""微明"和"袭常"。

近期再读《道德经》，印象最深、最能映照现实的是这一句："故常无欲，以观其妙；常有欲，以观其徼。"意思是：通常要无所趋求，以便观想那无以名状的微妙；时常又要有所趋求，以便观想那成名化物的极限。

在这个野心勃勃、奋力拼搏的时代，我们如何处理自己与欲望之间的关系？最重要的是做自己的旁观者。没有欲望的时候，可以观想，观想一下周遭世界的微妙。

"吾何以知天下然哉？以此。所以，以自身观想德身，以我家观想德家，以自乡观想德乡，以我邦观想德邦，以现今之天下观想厚德之天下。"意思是如何知道天下的状况呢？就是拿它与所观想的"厚德之天下"相比较。

有欲望时，可以观想自己如何能触碰边界，突破自我，继而改变世界。现在的创业者、经营者，都在以自己不间断的努力，牺牲睡眠甚至家庭时间，全部用在事业上，这样做或许可以知道自己的极限所在。很多人喜欢极限运动，正是这个道理。

老子告诉我们，这个世界没有什么是不可取代的，这个世界正是因为没有"非其不可"的东西，所以才能天长地久。"天地之所以能长且久者，以其不自生，故能长生。"

如何在混浊中保持本心的澄明？注意守静就能渐趋本心的澄明；如何能使安稳得到长久的维持？懂得灵动权变就能渐得长久的安稳。

一个人要懂得自己的极限，以便在合适的时机，实践功成身退的法则。因为这是天道。老子曾说："见素抱朴，少私寡欲，绝学无忧。"一个人如果能内心纯真，持守混沌，减少私心杂欲，就没有什么忧患了。

青牛：体系学习

初心和想象力有了，哲学也入了门，就应该有体系化的学习。据《礼记·内则》记载，13岁至15岁是男子的"舞勺之年"，即学习勺舞的年龄；《论语》中也有，"子曰：吾十有五而志于学……"可见13岁至15岁正是自我学问训练的关键三年。

读了老子倒骑青牛的故事，就会带着兴趣去读《道德经》，去读庄子、列子，还会去读儒家、法家、墨家等诸子百家之学。因为中华文化具有非凡的包容性和弹性，所以即使杂学百家，也可以触类旁通，甚至是中西合璧，形成学习者自己的哲学体系。

尤其是《道德经》，读百遍也不会生厌。"上善若水，水善利万物而不争。""信言不美。美言不信。善者不辩。辩者不善。知者不博。博者不知。""我有三宝，持而保之。一曰慈，二曰俭，三曰不敢为天下先。""万物之始，大道至简，衍化至繁。""天地所以能长且久者，以其不自生，故能长生。"……

小时候读《道德经》，印象最深的是，在熄灯后摸黑在纸上盲写乱七八糟的诗歌，就像老子倒骑青牛一样，拥有了一个人孤独的浪漫。虽然那时候，我的生命体验还不深，但却隐隐约约地知道，每个事情都有发展的趋势，人和事物都有自身的生命周期。

　　《道德经》告诉我们，痛苦不是永恒的，变化是恒常的。内心要明亮，知道恒常的所在，所以顺其自然，所以深藏不露，所以谦虚谨慎。内心要旁观自己，要时常保持相对相反的思维训练，以至于能够思考自己的欲望和极限，寻找遗忘一切的微妙。因为知道自己的极限在哪里，所以内心要做减法，减少私心杂欲，才能快乐无忧。

　　管理学其实是很古老的学问。治国理政是管理，小企业小家庭也是管理，个人内心也需要管理。中国自古重视事物发展规律：过犹不及，所以要知道度；等待，所以要知道自己是否存有力量和势能；推算，国人一直保持着对命运的算力；遗憾，人常会在积极与消极之间，在愚蠢与智慧之间，在模糊与精确之间游走。用心用情至深最接近规律，也最容易失望，不如无为而治，顺从自然。

　　人的发展之初，也可以先休养生息。人的一生可以慢慢过，通过哲学的体系学习打好基础，先不求回报。我从来没什么野心，也没有什么太大的抱负，但内心一直有源源不断的推动力，从来没有很痛苦和很疲惫的时刻。所以每个人的内心一定要有一个比现实更高的存在，可以是哲学思想，亦可以是艺术寄托。这样，无论未来遇到任何人生际遇，都可以涅槃重生，或是安然渡过。无论顺境、逆境都像倒骑青牛，有自然气度。

犀照

犀照，形容人眼光独到，明察事物的真相。它来自一个典故，叫犀照牛渚，讲的是东晋时期温峤的故事。

中国古人通过燃烧犀牛角，利用犀角的光芒，可以照得见神怪之类。民间也有传说，点燃犀牛角蜡烛，可以和死去的亲人相会。可见，人们既害怕死亡，又被死亡深深吸引。

内心世界，难以摆脱生死之困，但是活着就要尽力洞察世间的本质。

1. 犀牛文化

犀牛是世界上最大的奇蹄目动物，现存的奇蹄目动物包括三个科：马、犀牛和貘，它们的共同特征是蹄上的脚趾数是奇数的，这和偶蹄目动物恰好相反。

犀牛曾广泛分布在中国南方各省，主要有三种：大独角犀（又称为印度犀）、小独角犀（又称爪哇犀）和双角犀（又称苏门犀）。1916年最后一头双角犀被捕杀，1920年最后一头大独角犀被捕杀，1922年最后一头小独角犀被捕杀……

犀牛曾在殷商时期数量众多，到了近代却遭遇灭绝，随着整个古代史被埋葬了，只留下了中国的犀牛文化。

如今我们只有在博物馆里才能看见犀牛的标本，再也见识不到犀牛狂奔的情形了。据说，黑犀牛在荆棘中也能以血红素每小时 45 公里的速度飞奔。一头雄犀牛的领地大约有 10 平方公里，相当于两个原来的上海静安区，堪称一方霸主。

非洲的白犀牛和黑犀牛都有两只角，而亚洲只有苏门答拉犀牛有两只角，其余的两个品种都只有一只角。犀牛角从皮肤中长出来，质地很硬，据说每年可以长 7.6 厘米。犀牛的生命力极其顽强，《英国卫报》报道过一只 4 岁的雌性白犀牛被非法猎人下药捉住，犀牛角连带头盖骨被硬生生地拔掉，还顽强地生存了一年半，她叫"Hope（希望）"，多次在鬼门关徘徊，最后死于细菌感染。

人们总是把动物和植物的全身都当成宝，利用到极致，对犀牛更是如此。

物质匮乏的时代，人们和动物的"交际"，大多是从"吃"它们开始的。据说在甲骨文记录的悠远年代，犀牛被捕杀后主要供人食用。在《殷墟文字乙编》第 2507 片记载的"焚林而猎"卜辞中，就有殷王一次捕获林中 71 头犀牛之说。猎犀在殷商和西周是一项君王和国家的盛举。

之后，犀牛的皮和骨也被利用起来。犀牛皮厚，能抵挡刀、箭等兵器的攻击，是制作盾牌、铠甲的上等材料，可制成"犀甲"，如屈原《九歌·国殇》里就有"操吴戈兮披犀甲，车错毂兮短兵接"的句子。意思是士兵们手拿干戈、身着犀甲，在交错的战车上，持刀剑相互砍杀。专门制作"犀甲"的匠人叫"函人"。

犀牛骨可以制作成"匕"，国家博物馆藏的一件牛骨证事刻辞"宰丰骨匕"，据传就是用殷王所猎获的犀牛骨制成的。

当然，犀牛最令人魂牵梦绕的东西，是它的角。《韩诗外传》中有使者将"骇鸡犀"献给纣王的记载，"骇鸡犀"实际上就是犀牛角。《山海经》记载，有一种犀牛有三只角，一角长在头顶上，一角长在额头上，另一角长在鼻子上。鼻子上的角短小丰盈，额头上的角厥地，顶上的角贯顶。其中顶角又叫"通天犀"，剖开可以看到里面有一条白线似的纹理，贯通角的首尾，被视为灵异之物，故称"灵犀"。"灵犀"后来也频频出现在古代诗文中，比如李商隐的名句："身为彩凤双飞翼，心有灵犀一点通。"

后来，犀牛角被神化得越来越厉害，似乎有了犀牛角，一切神奇的事情都会发生。《神农本草经》记载，南方出产的犀角，价值八千，在传统的中医药里，犀角与鹿茸、麝香、羚羊角并称为中国四大动物名药。李时珍在《本草纲目》中写道："犀角能解一切诸毒。"犀角还是汉族道教的八大神器之一（另有火珠、铜钱、方胜、艾叶、银锭、珊瑚和书）。

在神话传说中，犀角能镇妖，如果点燃犀牛角，就可以和死去的亲人相会。类似的情节，不禁令人想起电影《寻梦环游记》，据说迪士尼团队就是受到了墨西哥亡灵节的启发。其实，中国古代的故事挖掘潜力更大。

2. 犀照牛渚

我们先来讲温峤的故事——"犀照牛渚"典故的来源。

温峤（288 年—329 年）是东晋名将，一生战功非凡，在平定叛乱上贡献卓越。在西晋灭亡后，温峤作为刘琨的信使南下劝进，在东晋历任显职，与晋明帝结为布衣之交。他帮助皇帝平定了王敦、苏峻两场叛乱，期间他深入虎穴，假意投诚做卧底，又胸怀大计谋划部署。皇上念他功绩，准他告老还乡，42 岁时在家乡病逝。

据说温峤离世后，官方和百姓念及他的功绩，无不悲伤，所以民间就为他编了一个故事。据《异苑》记载："晋温峤至牛渚矶，闻水底有音乐之声，水深不可测。传言下多怪物，乃燃犀角而照之。须臾，见水族覆火，奇形异状，或乘马车著赤衣帻。其夜，梦人谓曰：'与君幽明道阁，何意相照耶？'峤甚恶之，未几卒。"这本志怪小说神化了温峤的"死因"——点燃犀角，知道了神怪的秘密，惊扰了他们。

《世说新语·尤悔》还记录了温峤的另一个故事，说是温峤被派去说服司马睿登上皇位，一个人出行非常危险，母亲崔氏非常担心，极力阻拦。但温峤没有听母亲的话，毅然决然地离开了，他走后不久，母亲便去世了，温峤都没有见她最后一面。"温峤绝裾"的典故就此流传开来。

人间究竟有没有神秘力量？没有人敢作出肯定的回答。故事只有一部分是自己讲的，绝大部分都是别人替你讲的。为什么要给一个人加上神秘色彩？这是一种愿望，也是一种中国特有的缤纷。在中国民间，塑造了千奇百怪的缤纷故事，它给平淡的人世一种可以用思维加工，且可以持续更新、创作的架构。人的命运，从来就是个人与时代共同决定的。唯有故事，可以使自我突破已有的权限。

《庄子·逍遥游》中有："《齐谐》者，志怪者也。"《齐谐》是古代先秦的神话集，可见志怪由来已久。魏晋南北朝，志怪小说特别流行。这是中国宗教信仰最鼎盛的时期，民间巫风、道教及佛教一并起作用，很多作者都将怪异传说视为事实来记载，因此保存了很多有积极意义的民间故事。

中国有一种经验主义，一传十，十传百，百传成共识，即便原来没有很深的社会根基，也会形成一种"定论"，定论会扎根，顽固地存在着，没有逻辑，也不是推理的结果。但好在人们大多数是心怀美好、向往美好的，一些典故和一些人物就这样永恒地生存在历史中。犀照牛渚给国人对"死亡"的理解，多了一种想象，多了一种缤纷色彩。

3. 大历史观

"犀照牛渚"，又叫"犀燃烛照""犀照通灵"等，原本是一个充满志怪色彩的典故，经过时代变迁，在后世常常被用来形容"眼光独到，明察事物的真相。"这个意思的转变，可能是人们已经看透了人间生死。

唐代大诗人白居易写过许多关于犀牛的文字，比如："通天白犀带，照地紫麟袍"（《寄献北都留守裴令公》）。他在《驯犀 - 感为政之难终也》一文中，详细地记录了唐代贞元年间，进贡犀牛的情形："海蛮闻有明天子，驱犀乘传来万里。一朝得谒大明宫，欢呼拜舞自论功……"记得小时候背诵《卖炭翁》，就觉得白居易是一个心怀波折与柔软，去针砭时弊的人。白居易笔下的犀牛情景，比杜牧的"无人知是荔枝来"更值得深思的是，统治阶级对犀牛的顶级宠爱，似乎也昭示着封建社会的顶级繁盛，从此走向下坡。

2018 年是黄仁宇先生诞辰一百周年。他发现距今的五百年间，强国们都先后完成了将道德作为奠定社会的基石，再用商业法律来组织运营社会生产的文明进程。唯独中国，以道德代替法律去治理国家的方方面面，使得权力之间的相互倾轧，以道德的名义愈演愈烈。

黄仁宇先生曾提出过著名的"大历史观"，即宏观历史（macro-history），指的是对中国历史整体的认识和把握，并去了解中国历史发展的趋势和走向，洞悉其背后深刻的自然环境、经济和文化因素。

普通的事件背后总蕴含着深意，"犀照""大历史观"，都在不断地启发人们智慧，去看透事物的本质和真相，促人深思。

在大历史面前，每个人都很渺小，但轰轰烈烈燃烧过生命、认真活过的人，都曾以自己为犀角，照亮过这个时代。在这个不争锋的年代，我们不需要当太阳，也不需要做月亮，只需要做一颗暗淡却有光的星星。

犀照：命运权限

人的命运设置是有序列的，从简单到复杂，从容易到困难，从有缘到孽缘，从新生到死亡。命运是一个权限管理，爱恨情仇，生老病死，都各有边界。

《礼记·内则》中有："成童，舞象，学射御。"在古代，15 至 20 岁是男子的"舞象之年"，是可以上战场的年纪；20 岁为"弱冠之年"，这时要举行加冠礼，正式步入成年了。对于女子而言，16 岁是"碧玉年华"（唐·李群玉《醉后赠冯姬》诗："桂影浅拂梁家熏，瓜字初分碧玉年。"）20 岁是"桃李年华"（明徐渭《又启严公》："誓将收桑榆之效，以毋贻桃李之羞，一雪此言，庶酬雅志。"）总之，15 岁到 20 岁，正是女孩子如花似玉，最显得出青春芳华的时候。

这里先说"15 岁至 18 岁"，即"舞象之年"的前半部分，对应到现在，正是青少年的高中时期。就我的个人经验而言，我的高中的大部分课间时间，白天看天上的白云、柳边的燕子，夜晚仰望月亮和星空。一生中看白云最多的时间，估计就是那时了。我住在学校里，就这样安静地活着，并不知道未来要去哪里，考不考得上名校，未来会遇到谁、爱上谁……当时的我并不知道命运是什么，所以谈不上思考如何改变命运，而是凭感觉去学习和生活。现代人从 10 岁到 24 岁，都在有心地学习和生活，从小学一直读到硕士，似乎已成为基本的标配。也许读书并不是为了什么，而是度过时光的意义本身。

古人 20 岁成年，现代人 18 岁就意味着成年了，无论男子还是女子，从 15 岁到 18 岁，都是心智逐渐成熟的年纪，也是第一次思考生死与命运的时候。无论人有多少的运气、金钱、机会、挫折和伤害，经历过多少生离死别、爱恨情仇，每个人都有权预估现实的边界和未来的可能性。人的命运对于自然也是有权限的，思考生老病死，参透生命的密码，是构成一个人内心悲天悯人的基本要素，生命要充满敬畏感。

儒家强调"生死有命，富贵在天"，总体上是重生讳死的，并且创造出"不朽"去抗拒死亡，敬始、慎终、追远，重生而不贪生，讳死而不惧死。佛教则强调"根尘幻化，业不可逃"，最具有命运的权限感。道家是自然生死观，方生方死，方死方生。

"全身保真""贵生轻利"，道家注重养神养生，强调清净，寡欲；"虽有荣观，燕处超然"，在尘世中追求内心的平静超脱；"独与天地精神往来"，人心安宁充实，永恒地愉悦，养形、养神结合，"无劳女形，无摇女精，乃可以长生"。

但值得欣慰的是，人生还是充满力量的。生死之间，仍有许多美好的事物存在，给了人们活着的希望和期待。正如古人点燃犀角，打破生死的界限，人也可以点燃自己的内心，去看透生死，将命运的权限把握在自己手中，做一个有光的生命。

卷
二

鱼
雅

麒
麟

风
虎

飞
龙

狮
吼

鱼雅

鱼鱼雅雅，意思是鱼行成贯，鸟飞成阵，形容威仪整肃的样子。

内心世界随着现实世界而变迁，有不变的东西，也有变化的东西。它如梦如马，奔腾不息，威仪整肃，与现实世界相融相合。历史从来都是必然的，又是即兴之作。如果内心有一整套哲学和方法，既能处理世间之事，又不至于形而上，就是我们知行合一的表现。

一个人内心应该有一支训练有素的队伍，应付世事变迁，独立而强大。有时候要争独立，而不是争自由。

1. 鱼雅

"鱼雅"出自唐·韩愈《元和圣德诗》："驾龙十二，鱼鱼雅雅。"

又有明·杨慎《升庵诗话》第九卷："'鱼以雅'者，言朱鹭之威仪，鱼鱼雅雅也。"

鱼行成贯、鸟飞成阵，是形容威仪整肃的样子。水里游的鱼和天上飞的鸟，相比地上的羊群，更具有灵动之觉、天然之性、威严之感，独立而淡定。

"鱼鱼雅雅"这个词目前已经很少见了。随着网络语言的流行，越来越多的中国文字，在冷门冷灶里孤芳自赏。写这个系列的目的，就是为了唤醒一些古老而美好的词。

现在的年代，表面上追求轻松自由，却又总是伴随着焦虑与恐惧，因为我们的内心缺乏坚持和定力，对外又少了威仪整肃的行动，不能做到像庄子所说的"外化而内不化"。所以，我们才会在各种数字的变动面前，自乱阵脚。

我曾研究过"实学"。陈献章先生曾说："实学就是人的涵养中成就的文章、功业、气节。"一个精通且践行实学的人，内心必然是鱼鱼雅雅，从容而有序，也会成就威严整肃、成果丰硕的一生。

我个人毕生都在追求有序的心境，坚持冷静地做完一件又一件事情的状态。一个人要尽量地把自己的一生，修炼成一部完整的作品。甚至就投资理念而言，中国古代文化也能给投资人许多启发，就像高瓴资本的张磊先生有三个要诀："守正用奇""弱水三千，只取一瓢饮""桃李不言，下自成蹊"。

2. 赵蕤

自从有了高晓松的推荐，张大春开始闻名。有时候，我也挺顺应气氛的，自觉得流行有流行的原因。于是，我读了三年前买来却没有读完的张大春的《大唐李白》。

意想不到的是，在这本书中，我又看见了"鱼雅"一词。

故事是这样的：有一次，正逢着旁寺供请来的畿县上寺法师说法，一僧、一道，比邻二台同说。原本那寺僧仪容鱼雅，舌灿莲花，将王衡阳台下的听者攫去了十之七八，棚下之客，"寥落似稀星"。孰料月娘在此时升座，素妆拭面而谈，也不知是什么人赫然发现，这边环天观换了个丽人；顿时人潮訇然，去而复来，震动如雷霆。一时驴马杂沓壅塞，辐辏牵连于途。盈千聆者之中，有赵蕤在。

在这里，鱼雅被用来形容僧人威严整肃的仪容。其实，故事中出场的人物——赵蕤、月娘，也莫不是鱼雅人物。

张大春是这样写赵蕤的："这个人在历史上所流传的记录不多，只知道他有个和他一样不问俗名世事的妻子，曾经有地方官吏召见他们夫妻，希望赵蕤能够出来做官，他严辞拒绝。李白曾经跟随他至少三年以上的时间……"

赵蕤著有一本书《反经》，又称"长短经"，被誉为"小《资治通鉴》"，被历代帝王将相所推崇，比如乾隆皇帝。他精通几乎所有的学派和思想，儒学、道学、兵法、法学、阴阳学、农学甚至药学，无一不学，无一不通。后世称赵蕤这样的全才为"纵横家"，他们是方法论的机会主义者，只要有利于政治和社会，他们会用各种观点来解决世道难题，偏功利、偏实务、偏现实主义。

我们传承下来的文化，似乎太过虚幻，虽然精神的支架和骨骼可以感知出来，却总觉得少了一些血肉。所以每一代人中总有一些文化大家的存在，他们能像"科学家逼真还原九千年前少女的脸"一样，给某种精神和思想重塑血肉。张大春写的《大唐李白》，正是集现代小说技艺与古典文化素养之大成，丰满了一些没有流传细节只是流传了风骨的人物，也丰富了我对赵蕤的印象。

据传，赵蕤的祖先是西汉蜀中有名的易学家赵宾，而他的父亲则是经商的。赵蕤从小饱读诗书，然而几次科考不第，便放下入仕之心，专心著书立作，他与妻子隐居在山间写作数年。

张大春称赵蕤的夫人叫月娘。他写的月娘是这样的：

"相公不是在找《结客少年场行》吗？"

"月娘运筹于绣帷之中，竟然可以卜我于千里之外了！我冥搜苦学三十年，究短长，探纵横，总还不如汝天资颖悟，洞机深透呢。"

月娘并不是猜对的，是一念通明，缘理而会。

赵蕤的妻子在张大春的描绘中不仅有了名字，而且思想水平似乎比赵蕤还高，能够寻绎因果、断事阅人。他笔中的月娘，出身于一个小吏之家，父亲因犯了小错，愤懑难抒地死在牢里，母女三人被卖身为奴。后来月娘在环天观得王衡阳教诲："为官使，则绝代风情，芳菲锦簇，怎么看都是繁华；为仙使，则满园枯槁，钟锣清凉，怎么看都是寂寥，不过——烟火后先，惧归灰灭而已。"

"烟火后先"是个典故。传说，李淳风和袁天罡随唐太宗出游时看到河边有两匹马，一匹为赤，一匹为黑。太宗便让他们预判两匹马谁先入河。袁天罡占了离卦，说是火色赤，赤马先下河，李淳风认为是黑马，因为钻木才能取火。但李淳风没有抢功，说袁天罡算的离卦是对的。

月娘是个厉害人物，面对师从赵蕤的李白，直接告诉赵蕤："相公博闻而多能，却未必能沾溉隅隙。"意思是李白不能从赵蕤处学得经济天下之学，赵蕤也不能够益李白的诗艺或文采。

古往今来，博学多闻的人，似乎都不能成为最顶尖的人物。懂得太多，有时反而不是好事。张大春是这样评价赵蕤的："他自负是一个经术之士，对天下事有着不能忘情的怀抱，于农家、法家、阴阳家，尤其是兵家之术，更有迫切施一身手的渴望。可是从出处之道的理想上说，他又不甘于积极进取，以为无论以何种手段取官、任事，案牍劳形而伤神，都在戕斫根命，终究不过是冒着无所不在的诋毁、倾轧，成就一己利禄的虚耗而已。"似乎张大春把赵蕤的不得志夸大了，在我的印象里，赵蕤早已脱俗，不在乎自己得不得志了。

赵蕤是有他坚定的内心愿望的："无论朝代如何更迭，政权如何递嬗，都必须以一套奇强斗变的操纵之术来攻略谋取。世间没有小康之治，没有升平之本，也没有太平之望。无论任何一氏、一家，攫取无上的权柄，都必须发掘、召唤宇内'岩穴之士'。而将天下事拱手托付之，以其应对与时俱进的、永无休止的巨大骚动。"

也许每个时代，都有像赵蕤这样的人，他们博学多闻、兢兢业业，得了部分的志，但终有很多未得之志的遗憾。但无论外界如何变化，他们却对自己的岁月严肃而负责，将国族信仰、个人价值观、生命情调调和成一个有机的整体，鱼鱼雅雅，从容有序地度过自己的一生。

3. 胡重

想起另一个鱼雅人物——胡重，她是一个威严而多才的女人，是世界文化遗产——黄山宏村最初的设计者。

胡重是西递名人胡礼朝之女，嫁于汪氏七十六世祖——明永乐年间任山西运粟主簿的汪辛。汪辛生前为汪氏族长，因为长期在山西任职，所以一切家政、族政均委托夫人全权处理。胡重不负众望，延请高人，历时十载，完成宏村水利工程的总体设计，并带领汪氏宗族全体成员，多方筹集资金，开挖水圳月沼，引水进村，并建造汪氏宗祠"乐叙堂"，精心抚养两个儿子以及英年早逝的小叔子家六个子女，将他们逐一培养成才。汪辛晚年卸任回乡，深为妻子的成就所折服，称其为"巾帼丈夫"。

胡重几乎是中国历史上唯一一个进宗祠的女人。她的丈夫曾表示，只要一个人的功劳足够大，是不是男人又有什么关系。

在徽州，汪姓祖先在外做官营商，积累了大量的资金财富，为光宗耀祖，纷纷在家乡购田置屋，修桥铺路。而女人们就在故乡操持家业，将自己的美学情怀、人生理想，都寄托在周遭环境里。一件一件，从容有序地完成自己以及周围亲朋好友的人生大事。这种生活方式，也是鱼鱼雅雅，井井有条。

人生那么复杂，有些人一生一心一意只做一件事，而另一些人，却不得不背负更多的重任，去成就多件事情。一生只做一件事的人固然幸福，但一生成就多件事的人，却更让人肃然起敬。成就多件事的人，不仅可以掌控全局，还可以将每件事都从容地纳入自己的人生轨迹，严谨而整肃。

我在这里写的两个人都是孤独且一生任务繁多的人。一个男人，一个女人，都在自己的桃花源里，任凭世事变迁，内心鱼鱼雅雅。

鱼雅：建构秩序

心境这件事，需要反复梳理。即使拥有初心、丰富的想象力、厚重的哲学底蕴、体系化的文化学习，以及对自然命运的敬畏心，在现实生活里，依然会有层出不穷的麻烦和冲突，而这时就需要构建起从容有序的心境，一一应对。

如《犀照》篇所述，古代男子的15岁至20岁，正是舞象之年。《犀照》篇具体对应的是15岁至18岁，此篇对应的则是18岁至20岁。李世民18岁在山西平定乱党，20岁做秦王，掌管"十万+"的兵马……可见这个年龄段正是人生定调的年岁，此时天赋尽显，人生面临许多选择和机会。对于现代人而言，18岁上大学，正是最青春激昂的时候，也是心思和情绪最多的时候。

孙武《孙子·九地》中有："是故始如处女，敌人开户；后如脱兔，敌不及拒。"意思是，军队未行动时就像未出嫁的女子那样沉静，一行动就像逃脱的兔子那样敏捷。一个人的内心应该建立起一支军队，学者刘瑜写过一本书，名字就叫作《一个人就是一个军队》。每个人都需要有自己完整的精神世界，18岁至20岁读大学时，正是人文精神奠定的最好时期，鱼鱼雅雅，穆穆闲闲。一方面培养好的心境，一方面要多注重实操能力的培养，做到遇事不慌，娴熟，这一方面多阅读兵法类书籍很有用，比如《孙子兵法》《孙膑兵法》《吴子》等。

能在自然界生存下来的物种，既不是四肢最强壮的，也不是头脑最聪明的，而是最有能力适应变化的。面对混乱、无序的外界环境，更需要内心鱼鱼雅雅，建立起从容有序的内心秩序，向内探求，而不是向外索取。

但内心鱼鱼雅雅，并不是不顾环境变化和过程结果，而是内心有知觉、有分寸、有衡量体系、有假设也有检验。人生最重要的是有人教导，自己的内心就是最好的老师。而教导者本身，必须具有强烈的自我责任感、逻辑自洽性以及身份自信。

"国之大事，在祀与戎"，在古代，祭祀活动就是秩序、礼仪最大的来源。在三星堆金杖上刻着三样纹饰：鱼、鸟、人。鱼能够深潜到水底，鸟能够飞到天上去，代表着神通。内心要有敬畏，要保持感知，保持秩序，保持灵敏。

管理就是建立一种秩序，现代人要追求有序的心境，内心应该有一支训练有素的队伍，应付世事变迁，独立而强大。

麒麟

《宋书》："麒麟者，仁兽也。牡曰麒，牝曰麟。"麒麟是吉祥神宠，性情温和，主太平、长寿。传说能活两千年，又能吐火，声音如雷。

据《大戴礼·易本命》记载："有毛之虫三百六十，而麒麟为之长"。作为百兽之长，麒麟集狮头、鹿角，虎眼、麋身、龙鳞、牛尾于一体，毛状尾巴似龙尾，有一角带肉。另一种麒麟形象是龙头、马身、龙鳞，尾毛似龙尾状舒展。还有一种说法，长颈鹿原来也被叫做麒麟。

在中国传统文化中，麒麟是龙和凤之外，人们最普遍接受的灵兽。给人们以希望、安慰和某种安定的力量。

1. 麒麟与儒家

古人认为，麒麟出没处，必有祥瑞，麒麟有时也用来比喻才能杰出、德才兼备的人。

相传孔子出生前，有麒麟在他家的院子里"口吐玉书"，书上写道"水精之子，继衰周而为素王"；在鲁哀公十四年春天，71岁的孔子提到"西狩获麟"，不禁为此落泪，并表示"吾道穷矣"，从此不再著书。孔子曾写歌："唐虞世兮麟凤游，今非其时来何求？麟兮麟兮我心忧。"不久后，孔子便与世长辞。孔子遇麟而生，又见麟死，一生都与麒麟密切相关，所以麒麟也被视为儒家的象征。

深植于中国人心中的儒家学说，大到不能完全掌握，现今更不可同日而语。它一直在演变，即使经历生死浩劫，依旧吐故纳新、屡屡创新；遇到挑战更能凸显自我、多维包容。儒学作为一种展现社会生命力的方式，更多地体现在实学上。实学不是儒学的次生品，而是儒学在遇到挑战之后的蜕变。

"儒"字，在现代汉语中的应用场景特别少，仔细说来，"儒"字有如下几层含义：一是柔，指的是殷代以前的巫师、术士；二是人之所需，即人的需要；三是心之所需，柔弱如水；四是指学习以先王之道浸润其身的人。而"实"字，在现代汉语中的应用场景比古代更多，中国人心如今特别现实，讲究实事求是，其实是有渊源的。儒家一直强调此生入世，有所建树，修身、齐家、治国、平天下，是一个男人应该成就的事业。儒家讲求实际，让人的一生对社会有高产出。儒家，其实是"无所为而为"。

2. 实学：基于又高于社会需要

儒学作为中华文明的精神主干，强调的是修德、通经、致用，三者并重。儒者们从这三方面各有侧重地修炼自己入世的人生。

修德、通经、致用，对应的是道统、学统、政统，早在先秦就已构建完毕。到了汉代，董仲舒将儒家学说推行到施政立法上；王充则强调"疾虚妄""实知""知实"等实证精神，使得实证学风成为汉代儒学的主流思想。

魏晋的玄学虽"玄之又玄",却强调"实悟实得",那些在空灵的境界中所得到的精神体验,以及在辨名析理中所得到的思维训练都是实实在在的。

隋唐尚佛,佛经中的"实法""实相""实性""实智"等,都强调终极的"实",任何阻碍成佛的事物都是虚妄的。

宋明理学是新儒家,其中北宋理学先驱胡瑗提出"明体达用";北宋理学家程颐则认为"理者,实也,本也",理是宇宙终极实在;南宋理学集大成者朱熹提出的"实功实学",是将宇宙根本道理用于具体事物;南宋著名理学家、文学家吕祖谦认为的修德、明经、治世之学,即为实学;南宋"陆王心学"的代表人物陆九渊认为理是实体,要据实理行实事;明代哲学家王阳明实践的实学,则将心中良知所知的天理用于具体行为,改正不合理的意欲;同为明代哲学家的陈献章(心学集大成者)认为人的涵养中成就的文章、功业、气节(立德、立言、立功),就是实学。

这些宋明大儒的共同特点是实践道德原理于实际事务上,从而完成自己的人格理想。一切关乎身心性命、文化传承、学脉赓续、国计民生的具有实绩实效之事,即为广义上的实学,讲求实有诸己、实下功夫。中国主流文化的"实"一直没有断过,思想的"实",使得中国从来没有乌托邦。历代国人的思想演进,全是基于社会需要，又高于社会需要。

　　明清时期兴起的经世致用思潮，则是狭义的实学，其代表人物有：黄宗羲、顾炎武、方以智、王夫之等宗师。明清实学，是社会思想变迁，中西文化冲撞下特定历史时期的产物。明朝"东林党领袖"高攀龙的"反之于实"、明末清初思想家王夫之的"明人道以为实学，欲尽废古今虚渺之说而反之实"、明清之际思想家傅山的"见诸实效"等思想都强调，以有用的"实学"取代"明心见性"之空谈。

3. 徐光启：实学"武林秘籍"

　　徐光启生于 1562 年，字子先，号玄扈，是明代松江府上海县人，出生于商人家庭，曾皈依天主教。历史学家侯外庐曾将徐光启列为明清实学的代表，气象学家、地理学家竺可桢将他称为"中国的培根"，并是公认的"近代中西文化会通第一人"。《明史》对他的评论是"光启雅负经济才，有志用世；及柄用，年已老，值周延儒、温体仁专政，不能有所建白"。徐光启的存在完美诠释了科学、宗教与儒学的融合自通，是麒麟一般的人物。

　　徐光启毕生致力于数学、天文、历法、水利、经济、军事等方面的研究，勤奋著书、译书，在晚明这个风云变幻、新旧思想对流最强烈的历史端口，成为了"数据交换与集成中心"。

光启幼年时，曾帮助父母亲种地耕田；中秀才后，在家乡的私塾当教书先生，又因为水灾频发，家道每况愈下，为寻找出路参加乡试，却屡次不第；后来远走广东韶州教书，认识了耶稣会士郭居静；在这之后，又奔走广西教书……

纵观徐光启35岁之前的经历，跨越了大半个中国，做过农民、乡村教师、外地教师，甚至和西方的传教士成了朋友，丰富的人生经历正为他之后学贯中西，经世致用奠定了基础。直到36岁时，徐光启才遇上他的恩师焦竑，渐渐在这个看重功名利禄的世界里立了足，并有所建树。

古代中国人，生来所学大多是儒学，并能在儒学的各种流派中有所皈依。徐光启16岁时，师从黄体仁学习阳明心学，形成了自己的思想体系，并在政治社会中找到了对应的法则和具体事务。但心学并不是当时的显学，所以徐光启4次参加乡试都没有中榜。直到第5次，遇到的主考官是心学泰州学派的焦竑，才得以发掘重用，焦竑对他有知遇之恩，是徐光启的贵人。所以人生中的贵人不是随机遇到的，找到贵人的最佳方式，是和贵人有同样的"思想皈依"。

焦竑主张率性而行，学贵自觉自得，并提出了"童心"概念，后来焦竑好友李贽将其发扬成为辉映百代的"童心"说。此外，焦竑的思想偏"仁义功利合一观"，他对功利主义（即古代所称"好勇、好货"）的看法是：只要利人、符合"明明德于天义"的都是正义的追求。他肯定正当商业活动中产生的资金、财富的增殖，虽然子贡等儒商一直存在，但是在思想观念上给予肯定的，焦竑还是第一人，这对儒学是有创新意义的。

徐光启深受焦竑为学务实的影响，他将文章分为朝家之文、大儒之文和大臣之文，这些文章"各所有益于世"，他认为焦竑的文章"益于德、利于行、济于事"。虽然他的思想本源是心学，但明朝末年，心学的发展玄虚成枉、逃禅出世、华而不实、多有流弊。他突破了思想界对于治心的沉迷，向往并实践治世的实学，认为思想要具有实用功能，所以他从心学转到实学，又因实学之学而涵纳西学。

说到他的西学，就必须提起利玛窦。据《明史·徐光启传》记载，徐光启曾从利玛窦那里学习天文、历算、火器、兵机、屯田、盐策、水利等。利玛窦为了适应当时中国的社会需要，制订了一套适合中国实际情况的"合儒""补儒""超儒"的和平传教政策。西方传教士对西方自然科学知识的介绍，使中国固有的文化结构和思维模式发生重大变化。

徐光启是基督徒，他最初于1595年，在广东韶关遇见了传教士郭居静，开始接触基督教义。而当时的利玛窦是"红人"，见他一面不容易，徐光启用了三年时间研究基督教义，想要见利玛窦，却在南京与他擦肩而过，此时的利玛窦已经去了北京。在1603年，他与南京耶稣会士罗如望畅谈数日，经过深思熟虑受洗成了基督教徒。1604年，徐光启在他恩师黄体仁的引荐下入了翰林院，成了进士，此时他已经43岁了，算是中年得志。到了北京之后，他与利玛窦密切来往，在与利玛窦交往的三年间（1604—1607年），他密集学习实践，翻译了《几何原本》《测量法义》，编撰了《测量异同》，又写了《勾股义》等数学著作。

除了利玛窦外，徐光启还与其他的传教士合作研究天文仪器，撰写了《简平仪说》《平浑图说》《日晷图说》以及《夜晷图说》等天文著作；也积极向耶稣会教士熊三拔学习，两人合译水利学著作《泰西水法》6卷。徐光启正是积极地涵纳西学，不断吸收先进的思想知识，西学中用，从而著书立说，成为近代学贯中西的第一人与集大成者。

农学方面，徐光启最初写作了《甘薯疏》《芜菁疏》《吉贝疏》《种棉花法》和《代园种竹图说》。后来由于政治不得志，徐光启告病去天津进行各种农业试验，著有《宜垦令》《农书草稿》《北耕录》《粪壅规则》等，从而为《农政全书》的编写打下了基础。1624年，由于魏忠贤专政，徐光启越发无法适应官场，便回到上海，历时3年时间编撰成巨著《农政全书》。《农政全书》的"农政"部分，包括开垦、水利、荒政3个内容，他意图扭转"南粮北调"的局面，普遍促进各项农业生产，强调甘薯和棉花的推广，谋求全国富强；同时兼顾先进经验和科学方法，农耕的过程中贯穿着防灾、救灾的精神。也许是与他少年时经历的水灾有关，徐光启特别强调"预弭为上""有备为中""灾后救助"，具有完整的"荒政思想"，是一个真正关心国计民生的科学家。

天文学方面，1629年徐光启被擢升为礼部左侍郎后，主持开局修历，3年内陆续进献历书多卷，包括巨著《崇祯历书》，这些算是借助体制的力量达到的成就。除《崇祯历书》全书的总编工作外，他还亲自参加了《测天约说》《大测》《日缠历指》《测量全义》《日缠表》等书的具体编译工作。

军事方面，徐光启也是实学实用，面对挑战，迅速反应。1618年，后金努尔哈赤发兵进犯关内，徐光启应召星夜入京。1619年，萨尔浒之战明军战败，徐光启在通州督练新军。他的军事思想也体现了实学特征，提出坚甲利器和实选实练是建设一支精锐部队的根本途径。实选实练：所谓选，就是要精求天下勇力捷技奇才异能之士；所谓练，就是练胆气、技艺、形名、营阵。但他的军事抱负，由于军饷器械供应困难、与兵部尚书意见不合等种种原因，并没有实现，但却将自己的军事文章编辑成书，即为《徐氏庖言》，为后世留下了宝贵的思想财富。

宗教方面，徐光启邀请传教士郭居静到上海传教，成为天主教传入上海之始。他还同传教士毕方济（P.Franciscus Sambiasi）一起合译了《灵言蠡勺》（即探讨灵魂相关问题的谦卑尝试），是他作为天主教徒留下的痕迹。

此外，徐光启也是商业文明研究的先驱。从先秦诸子百家到明清大儒，中国古代经济思想都体现出经济伦理化的特征，主要分为德性主义、功利主义两大派别。徐光启偏向于德行主义义利观，他认为"道之精微，拯人以神；事理粗迹，拯人以形"，强调获利方式的正当性，以及个人对财富追求的价值取向性，他反对"奸富"，主张虽然商人都有市心，但仍旧需要不慕于物，见利思义，体现君子的恻隐和仁爱之心。他也提出过"人富而仁义附焉""末富未害"的重商思想，顺应了当时的商业潮流。

相较其他大儒学者多留下思想性的经典著作，徐光启留给历史的都是实用的典籍和研究史料。他的一生就是对社会高产出的一生，只要生命中所经历、所涉猎的事物，他都会潜心总结出自己的一套经验和方法。亲身且彻底地实践了儒家所强调的一生有所产出、有所建树的实用人生观。

我时常在想，为何民国时期出现了如此之多的思想和学术大师？有那么多影响后世的著作流传下来？也许，民国时期的大师也同徐光启一样，儒学为底，学贯中西，成就了自己的一套独立但有序的思想体系。而反观现代，一是学术专业分工越来越细化，二是缺乏思想基础和学识转化系统，所以很难再像民国时期，出现那么多"百科全书式"的大师了。

如同麒麟集众兽所长，实学集大成者——徐光启也是博采众家之长，把自己修炼成了麒麟一样的人物，实现了对社会高产出的一生。从他修炼实学的人生历程中，可以总结出如下几条的"武林秘籍"：

第一，要有自己的思想皈依。思想皈依可以让人遇到相似的人，遇到贵人，甚至是人生的知己。同时，也要珍惜人生经历中的每一次际遇，无论顺境逆境。

第二，从实学角度而言，现状中所有可感知的问题，都应该找到对应的方法去解决去改善。在日趋专业化的今天，更应该扎根一个方面，改善一个方面，去取得阶段性成果。

第三，坚持自己喜欢的事情之前，要获得社会资源的支持，才能游刃有余。人生建树既要与社会需要相结合，更要利用社会资源和体制优势去做更多的事。比如徐光启在天文、军事上的成就都是这样的逻辑。既然入了世，就要遵守这个世界的规则，去做力所能及的事情。特别在特定的历史时期，社会变迁越大，说明思想、知识的流动性越大，需要掌握的能力也就越多。

第四，虽然中国人一直强调务实主义，但也要坚持修心，不能让实用主义过于泛滥。

第五，徐光启向利玛窦学习了3年，但后面的自我接续力量巨大，所以制定目标时，不妨制定一个三五年的计划，去成就一件较大的事情。

麒麟：思想皈依

前6篇文章，多偏于清净无为，虽然笔者偏爱老庄哲学，但在现实生活中还是努力地去实践。要想改变自己的人生和命运，就要对于现实倾注进不懈地努力。儒家强调"无所为而为"，较之于"有所为"，"无所为"确实有点"无为"的色彩，而比起"无为"，"无所为"又有点"有为"的意味。这样结合来看，就可以自然地从道家过渡到儒家的学习了。

20岁是什么样的年纪？古人男子20岁束发而冠，女子20岁是桃李年华，都是风华正茂的好年纪。每个人都要有在现实世界中立足的才华，比如绘画、唱歌、写作、演讲、研究、执行、操作等，总之找到自己的才华，就可以将自己的人生修炼得更加完美一点。

处理内心世界，中国人是幸福的，有儒释道及其他各种古典哲学来参照。就儒家而言，具体的心学、实学等都能够帮助我们，在现实世界和内心世界之间做出妥善的解决之道。不至于过于虚幻，也不至于过于现实。

所以从小就应该有自己的"思想皈依"。思想皈依可以帮助我们遇到贵人和知己，如今不仅社会分工严密，社会思想意识分化也明显。"思想皈依"是一种特殊的人与人之间相互吸引的气质，也可以帮助我们获得更好的社会资源，来支持自己喜欢的事情，更可以帮助我们找到方法，去解决去改善所有可感知的问题。

中国人内心中一直有颗顽强生存的内核，就是务实主义。多做切实的计划，然后做时间的朋友，坚持三五年，然后再接续个十年二十年，去完成一件人生的大事。

风虎

风虎云龙比喻虎啸生风，龙起生云，指同类事物之间的相互感应。

《易经·乾卦》中，"九五曰：飞龙在天，利见大人，何谓也？子曰，同声相应，同气相求。水流湿，火就燥，云从龙，风从虎。圣人作而万物覩，本乎天者亲上，本乎地者亲下，则各从其类也"。

王阳明的"心学"也是一门关于"感应"的学说。心学认为，良知是心之本体，无善无恶就是没有被私心物欲所遮蔽的心。感应了善恶之后，就要知善知恶，为善去恶。

1. 风虎与心学

　　古人谓虎啸生风，意为猛虎长鸣，则大风四起，故以"风虎"指相互感应或关联的事物。《北史·张定和传论》中有："虎啸生风，龙腾云起，英贤奋发，亦各因时。"它与"虎虎生风"不同，虎虎生风是比喻英雄人物顺应时代潮流出现。

　　龙飞于天，虎行于地，虎与龙一起成为雄伟强盛的象征。《风俗通义》中说："虎，百兽之长也，能执搏，挫锐，噬食，鬼魅。"虎充满生机和活力，是百兽之王，英勇、乐观、宽容、慷慨、善于领导、高尚威望。民间历来将虎视为逐妖、怯邪、镇宅的灵兽、义兽。《周易·革》里有："大人虎变"，意思是大人物的行止屈伸，应如虎身上的花纹一样炫烂多变。

　　"大人虎变"让我想起了心学的集大成者——王阳明，他的心学即强调感应良知、感应天理。

王阳明入官场后，曾被宦官刘瑾迫害入狱，随后被贬至贵州龙场作驿站站长。漫漫贬谪路，行至杭州，还遭遇到锦衣卫的追杀。王阳明灵机一动，随即把外衣和鞋子扔进钱塘江，并留下一封遗书，才骗过了锦衣卫。逃脱追杀后，他乘的船又偏航了，南下到了福州。从福州到贵州的路上，王阳明被一个和尚误导进入一个森林深处的寺庙，而行经的那片森林里却有老虎，王阳明又躲过一劫。九死一生之后，他最终到了贵州龙场，并在石棺里悟到了"圣人之道，吾性自足"的哲理。

王阳明在历经众多劫难后，终于打造了一颗哲学的、超然的心，并且感应体悟到自己的整个变化过程。生死之间，关键是要好好活着，不管生在何时，死在何地，生命方式和内心状态最为重要。在挫折和磨难面前，人只有提升自己的内心，才能积极应对，淡然处之。

"铿然舍瑟春风里，点也虽狂得我情。"王阳明喜欢曾点。在被孔子问及志向时，曾点说："莫春者，春服既成，冠者五六人，童子六七人，浴乎沂，风乎舞雩，咏而归。"意思是暮春三月，我们穿上了春装，和五六个大人，六七个小孩，在沂水边洗洗澡，在舞台上吹吹风，唱着歌一路回家。不被物累、不被物滞，无处而不自得。

　　我系统地阅读王阳明的心学，就是在暮春时节。昔日那些免于恐惧的自由、自在、自得，是否还存在于这个混乱焦躁的时代呢？记得有朋友问我，"不以物喜、不以己悲"是否就意味着，人在现代俗世活着就没有任何意义了？我常常觉得不然，精神这东西，因为不可得，所以才需要不断体悟。王阳明说："天地虽大，但有一念向善，心存良知，虽凡夫俗子，皆可为圣贤。"你看满大街都是圣人，满大街的人看你也是圣人。

　　王阳明生逢明代中后期的乱世，心学由此诞生。反观当今的浮躁世道，尽管没有出现王阳明这样的思想大家，但至少人类比那时更加平等了。而平等，也许正是经由百代人心中的善念积累演化而来的。所以每个人只要动了善念，就是为世界做了贡献。

　　我在修习阳明心学的过程中，最深的体会是，如果一个人想在世间成就事情，必须要有强大的内心、伟大的谋略（战略）以及匠人精神，这三点缺一不可。

　　王阳明在13岁时，母亲早逝，父亲远在京师任职，继母也不好好待他。于是，王阳明就买来罕见的怪鸟，放入继母的被窝中，并买通巫婆告诉他的继母，说怪鸟是他亲生母亲上告天帝，天帝派阴兵来惩罚她的。继母听闻之后吓坏了，当即下跪求情，王阳明也一并下跪，从此继母就对他视如己出了。可见有谋略、内心强大的人，才能化解逆境。

王阳明的求学过程也不是一帆风顺的，他从十七八岁开始应试科举，却屡不中第，直到二十七八岁才中榜。放在当代，二十七八岁的年龄都可以博士毕业了。起初，王阳明对科举不中很是郁闷，之后才渐渐看开，觉得"科举本来是小事，我为这样的小事郁闷实在不该"。可见唯有积极的心态，才可以渡过挫折。

王阳明三十七八岁时，就坐进了石棺去参透生死，成就了"龙场悟道"。儒、释、道如何融合？出世入世如何不分裂内心？知行如何统一？内心的疑惑，唯有靠自己去参悟解透，这是一个漫长的过程。反观当代人的中年危机，与其慌张无措，不如去参透些什么，持续让心去修炼。

这颗心，是一颗"全心"。王阳明在心学里强调：知就是意义的形成和确立，行就是意义的发生和实践。这颗心生来就懂得很多，其实是自己蒙蔽了自己。这颗心可以与外界无缝连接，也可以与外界彻底隔绝。只要不把事物放在心上，事物本身就还是安静的。正如王阳明所说："你未看此花时，此花与汝同归于寂；你来看此花时，则此花颜色一时明白起来。"

王阳明的心学，让我想到了马克思所提出的，"人的全面自由发展"的观点。人的智力与体力充分、统一的发展，包括了人的才能、志趣和道德品质多方面的发展。也让我想到六祖慧能的观点："善知识，菩提自性，本来清净，但用此心，直了成佛。"所有的观点都在告诉我们，我们本就有颗强大的内心，可以自给自足。

现代人面对那么多的不确定性，太脆弱的"玻璃心"根本无法应对，要把自己的心锻造成"钢铁心""金刚心"才行。阳明先生显然是危机管理、不确定性管理的高手。

2. 谋略高手：王阳明

人活着就会面临艰难险阻，不仅要有颗"全心"，也要略尽"全意"。中国是政治早熟的国家，历史上有着丰富的关系丛林分析案例。

王阳明就是既有强大的内心，也有谋略的人。谋略不仅是精密的大脑路线图，也是内心所信仰所监管的"诗与远方"（big picture）。在古代，无论正史野史都强调谋略，当代世界，也强调一个人的战略格局。于是谋略，是一个人走得长久的必备素质。

王阳明仅用 35 天，就平定了宁王的叛乱，破坏了明武宗朱厚照（朱厚照是一个奇葩皇帝，由于小时候自卑，非得封自己一个"威武大将军朱寿"的称号）亲征的好事，也能想出来主意，每天不让活捉来的俘虏——朱宸濠吃饱肚子，出战时却能给他化妆化得精神饱满。甚至出谋划策，让朱厚照直接与朱宸濠决斗，让百姓们围观，为皇帝赚足了面子。

王阳明真正发挥本领的时刻，是平乱之后，对地区秩序的重建。根据他的分析，省边境地区的土匪激增，原因在于行政的不完善，入伙土匪"狼兵"比起留在户籍中种田要实惠得多。（"狼兵"是雇佣部队，雇佣部队大部分士兵居住在华南、广西一带的壮族人。他们虽然勇猛、果敢，受到社会公认，但往往会顺手打劫。）

于是王阳明在正德十二年五月向匪首递送《告谕浰头巢贼》："……乃必欲为此，其间想亦有不得已者，或是为官府所迫，或是为大户所侵，一时错起念头，误入其中，后遂不敢出……尔等今虽从恶，其始同是朝廷赤子；譬如一父母同生十子，八人为善，二人背逆，要害八人；父母之心须除去二人，然后八人得以安生；均之为子，父母之心何故必欲偏杀二子，不得已也；吾于尔等，亦正如此……何不以尔为贼之勤苦精力，而用之于耕农，运之于商贾，可以坐致饶富而安享逸乐，放心纵意，游观城市之中，优游田野之内。"他信仰的是：无论是何种境遇的人，心中都有自己看重的秩序。即使是落草为寇，内心里仍有可以寻见的恻隐。

王阳明的谋略，是他的实力。他的实力又有内心所坚持的东西。且看他的四句教：

无善无恶是心之体，

有善有恶是意之动，

知善知恶是良知，

为善去恶是格物。

3. 日本"阳明学"

中国高层曾多次提到王阳明，用"致良知"告诫官员，用"知行合一"勉励青年，王阳明在现代反而成为了"网红"。其实王阳明很早就是"东亚红人"了，在日本，他更是受到了极大的尊崇，他对日本的影响超过了中国，甚至改变了日本的近代史。

1510 年，日本"后五山僧侣"之一的了庵桂悟以 87 岁高龄，奉幕府将军足利义澄之命，出使中国。1513 年，了庵桂悟拜访王阳明，他回国前，王阳明特作《送日本正使了庵和尚归国序》相赠。了庵桂悟将阳明心学带回了日本，但不幸的是，回国后第二年就辞世了，阳明心学并未在日本引起影响。在 16 世纪中叶至 17 世纪初，日本的官学、显学都是朱子学。直到 17 世纪

40 年代，"日本阳明学始祖"中江藤树开创日本阳明学派，王阳明的思想才广为人知。

章太炎曾说："日本维新，亦由王学为其先导"；梁启超也曾表达过类似的观点："日本维新之治，心学之为用也。"东乡平八郎（日本海军元帅，与陆军的乃木希典并称日本军国主义的"军神"）曾表示"一生俯首拜阳明"。

在当代，被称为"日本经营之圣"的稻盛和夫最推崇王阳明，而他的同乡——"明治维新新三杰"中的西乡隆盛和大久保利通，都对阳明学有极高造诣。此外，明治维新的精神指导家和实干家——田松阴时，也是典型的阳明学派代表，曾办过私塾，所教授的八十个学生中，半数都是明治维新的英杰，如伊藤博文、木户孝允、高杉晋作等。

日本阳明学认为：心即理，是万物之本；人心之中的"良知"即是"明德"，"明德"之本即为孝；孝德是任何人都应具有的"本心"；并注重践履，强调知行合一。近代日本跻身世界一流国家之后，特别在日俄战争后，金钱万能的思想泛滥，道德颓态毕露，于是日本开展了阳明学复兴运动，强调对良心的皈依、内心的纯粹及至诚、积极的献身、彻底的行动主义等，一改日本社会的颓靡之风。

明治哲学家井上哲次郎甚至将阳明学，定位为东洋道德的精华，是"领悟陶冶和熔铸武邦国民之心性的德教精神"。另一位哲学家高濑武次郎，则将阳明学与《教育敕语》中"忠孝一本"的国体精神相连接，阳明学由此升级为国家主义阳明学。此外，明治时期还塑造了两个践行阳明学的国民模范——"孝亲爱人"的中江藤树、"勤勉好学、至诚报德"的二宫尊德，写进了国民修身教科书。可见，阳明学正构成了近代日本国民道德建设的理论基础，对日本整体国民素质的养成起到了至关重要的作用，并衍生出了日本本土的匠人精神。

匠人精神是一种沉静务实、淡泊名利、格高致远的精神，是在不断完善工作的过程中，品味成就感所带来的一种自我激励。日本做漆器的匠人摔倒了，首先尽力保护的不是他们的头，而是他们的手。一流的匠人，人品比技术重要。一个人首先要淬炼心性，唤醒体内的一流精神，才能达到一流的技术。

风虎王阳明，心学五百年。"阳明学"正是以其感应本心的率真，以其知行合一的实践，以其巨大的普适性，源源不断地惠泽人类的精神世界。

风虎：知行合一

如同风虎象征着相互关联感应的事物，王阳明的"心学"本质即为感应本心，继而遵循本心的良知，做到知行合一。良知本是天生的，面对每一次自我的精神危机，都可以触发本心，感应良知，进行自我救赎。行走在人世间，难免会偏往知行相悖的野径，唯有以本心为鉴，时时感应，才能慢慢找回知行合一的路途。

王阳明在《传习录》中写道："若鄙人所谓致知格物者，致吾心之良知于事事物物也。吾心之良知，即所谓天理也。致吾心良知之天理于事事物物，则事事物物皆得其理矣。"格物致知，就是把我们心中的良知用到万事万物上。《大学问》中有："是非之心，不待虑而知，不待学而能，是故谓之良知。"是非之心，人皆有之，不用思虑，不用学习就能获得，这就是良知。

良知，就如同内心的旁观者。当我们与这个旁观者心意相合的时候，就是内心最宁静、灵魂最悠扬、人生最轻松自在的时刻，仿佛万事万物与我相连，又与我毫无关系。但是这样的时刻，大约只占到人生的万分之一甚至更少。除去理想主义、以及美好的乌托邦设想，人要完全按照自己的内心去做事情，其实非常之难。

弱冠到而立之年，整整十年，无论是古代还是现代，似乎都是人生的迷茫期，没有明确的任务，没有看得见的路途。终有一天，你要选择一条特定的路。有人22岁从学校本科毕业，有人二十四五岁硕士毕业，有人二十七八岁博士毕业。我的许多同门或留在学校研究学术，或走仕途。

这十年，不如追逐自己的本心，放开了活，深刻地喧嚣，寂寞地折腾，与天斗，与地斗，与人斗，享受生命的其乐无穷。

人生二十一二岁时，多数人还在学校的象牙塔中，并不知道人生最后的落脚之地。此时就应该去践行自己内心的愿望和想法，去知行合一地追寻遥远的地方，到向往的城市里生活。去学会独立思考，将生活方式和命运走向把握在自己手里。

二十三四岁时，初入社会崭露头角，或许外界的一些机缘会降落在自己身上，会与许多人、许多事建立起情感联系，却终归虚无缥缈一场空。会猝不及防地遇到挫败，此时更应该去感应自己的内心，去体悟自己整个的变化过程，继而知行合一，去锻造一颗坚毅、超然的内心。

面对艰难险阻，不仅要有颗"全心"，也要"全意"。所谓全心全意，即要有统合内心的能力和意志。心学，其实是收摄一心的管理体系，要从事上炼心，成就定心之法，这是"知行合一"的基础。

　　王阳明作为近500年来影响力最大的学者之一，他提出的"以心印经"，不仅强调外在的实践，更注重内心的修习，真正做到了知行合一。真正的修行并不是功利性地现学现用，而是时时让心灵在场，去自察自鉴，自己是否有革命性的改变。

　　儒家有个基本的设定：每个人都有良知，只要回到良知的体系之中，就能取得很好的效果。只要感应良知，知行合一，每个人都既能做好思想家，又能做好行动家。

飞龙

飞龙，出自《易经》乾卦第五爻的爻辞："九五，飞龙在天，利见大人。"王弼注曰："不行不跃，而在乎天，非飞而何？故曰：'飞龙'也。"飞龙，是龙最好的状态，自由驰骋，左右逢源。

龙是中华民族的图腾与象征。传说伏羲氏"受龙图，画八卦"，将整个宇宙日月、万物造化全都囊括其中。中国人的精神信仰，在《易经》中也有体现。

人的一生至少要读 6 次《易经》，10 年 1 次。内心要常有经典诵读或感悟，才能洞见岁月在自己身上留下的真正的痕迹。

1. 飞龙与伏羲

龙对于中国人来说，是最熟悉也最陌生的形象。我们自诩为"龙的传人"，却只能根据古人的描述，在头脑中想象出龙的模样。《尔雅翼》云："龙者鳞虫之长。王符言其形有九似：头似驼，角似鹿，眼似兔，耳似牛，项似蛇，腹似蜃，鳞似鲤，爪似鹰，掌似虎，是也。其背有八十一鳞，具九九阳数。其声如戛铜盘。口旁有须髯，颔下有明珠，喉下有逆鳞。头上有博山，又名尺木，龙无尺木不能升天。呵气成云，既能变水，又能变火。"

从台湾画师相传的画龙口诀里，也能一窥龙的面目："一画鹿角二虾目，三画狗鼻四牛嘴，五画狮鬃六鱼鳞，七画蛇身八火炎，九画鸡脚画龙罢。"

可见，龙并不是一个独立的意象，而是动物们的集成。古人对龙的想象，正体现出将环境里的一切可见可闻可感知的事物，有机混合在一起的思维。

龙作为中华民族的象征，其源头要追溯至上古的伏羲氏。伏羲氏姓风，号太昊。传说伏羲氏在世时，曾有龙马衔图之瑞。于是伏羲氏便以"龙名"命名百官师长，有青龙官、赤龙官、黄龙官等之称，故曰"龙师"。而伏羲氏与龙更深的缘分在于"受龙图，画八卦"，如同飞龙将天地生灵集于一身，伏羲将整个宇宙变化囊括在太极、两仪、三才、四象、五行、六位、七星、八卦、九宫、十干、十二支、六十四卦之中，成就了《易经》这一中国文化的经典之作。

台湾地区易学研究名家徐芹庭先生曾在《细说易经》写道："易经含盖万有，纲纪群伦。挥之弥广，卷之在握。用舍行藏，观照自在。是机神的妙旨，人事的仪则。符号数理的意象，表之于外；内圣外王的大道，蕴之于内。是圣人钩深致远，极深研精，崇德广业，开物成务的一门学问；探赜索隐，创业立功，近取远则，观象制器的高深哲理。是故学之而弥深，用之而弥精，尽古今，盖天下，没有比易经更高深，更美，更神奇了！"

中国人有一种天然趋向浑厚深沉的基因，一个人的一生历程中，可能至少会遭遇6次的重大挫折与不幸，需要12次以上的内心调整，18次以上的对外关系的明确处理……内心和外部的冲突是常态，世界大道并不会像人们所预期的那样运行，生命是一场深厚的战争，需要多层次的内心力量。

2.《易经》与八卦

根据易经的理论，如同龙有九似，宇宙有八卦组成。八卦即八个宇宙组成的要素：天、地、风、雷、水、火、山、泽。八卦之间交互变化，相互作用，促成了万物的变化与发展。

天地、水火、山泽都是相对的概念，比较容易理解，最难理解的是风和雷，即巽（xùn）卦和震卦。理解了风和雷，就可以通晓万物之间的联系了，八卦的第一个难点就解决了。

风，代表入，无孔不入，扰动万物，它离乾卦近，少阳重以阳，阴气正在生发。

雷，代表动，春雷一声响，它离坤卦近，少阴重以阴，阳气正在萌动。

所谓"天地定位，山泽通气，雷风相薄，水火不相射"。雷和风势力相当，都可以连通万物，所以有"雷风相薄"之说。不同的是，雷代表着新生，比如许慎《说文解字》中有"雷，阴阳薄动，雷雨生物者也。"风则代表着散失，比如人们常说的"一切顺风而去"。

有一个卦叫恒卦，巽（风）下震（雷）上，为风雷交加之表象，二者常是相辅相成，从而不停地活动的形象，因而象征常久。而震（雷）下巽（风）上，为狂风和惊雷互相激荡，相得益彰之表象，象征增益，是益卦。

一切自然现象映照在伏羲心中，内心进行了大数据运算后，洞悉了人间百态：初生、启蒙、等待、矛盾、力量、关系、收获、警惕、顺遂、挫折、亲近、成功、谦虚、振奋、带领、改革、督导、瞻仰、合力、修饰、剥落、复归、警戒、积累、颐养、极端、艰难、光明、感应、默契、隐退、强盛、前进、黑暗、内省、对立、险阻、减损、增益、决断、相遇、聚合、上升、困顿、无穷、变革、修身、抑止、渐进、和谐、盛大、匆忙、顺从、滋润、涣散、节制、诚信、超越、成就、新始。六十四卦，除了天地相对恒常，人间就是变动不居，祸福相依，悟道无止境。

南怀瑾说，八八六十四卦，没有一卦是大吉大利的，或是全凶，或是小吉。虽然整个卦没有大吉大利的，但是卦中的特定的爻会呈现吉利，如从坤卦的六五、颂卦的九五、履卦的上九、泰卦的六五、复卦的初九、大畜卦的六四、离卦的六二、损卦的六五、井卦的上六、涣卦的六四等，表明易经最推崇的品德是，中道、公正、阴柔、实现、知过必改、防范未然、利他、诚心、革故鼎新、团结等。讼卦、比卦、临卦、家人卦是六爻中四至五爻（大部分）均吉利的卦象。

谦虚的美德可以使百事顺利，但谦虚并不是人人都能坚持下去的，而只有君子才能坚持到底。只有谦卦，才是平平吉吉。

3. 超乎于解厄脱困

据说最早的"龙纹"出土于辽宁查海前红山文化遗址，距今约八千年。龙的传说是中国民间一个文化仓库：龙在中国传统的十二生肖中排列第五；与凤凰、麒麟、龟一起并称"四瑞兽"；青龙与白虎、朱雀、玄武是中国天文的四象；龙是汉民族的图腾，是全能的，它能行云布雨、消灾降福，在农业社会里它象征着平安和丰收。

中国古籍中，记载了许多为人处世的方法和谋略。可以说，无论人生遇到何种情形与情景，都能在历史中找到神似的境遇。这个古老民族留给我们的最大智慧，就是在任何情景下，都可以百折不挠，顽强生存，与自然、天地共存。

北宋晏殊的《解厄鉴》里写道："厄者，人之本也。"他用自己"人生赢家"的经验，沉着冷静地写下了"藏锋、隐智、戒欲、省身、求实、慎言、节愤、向善"，用这简单隽永的人生原则，去对抗人性弱点。类似《解厄鉴》的书还有许多。然而大道运行，宇宙万物都在变化，在漫长的时间里，永远充满活力与生机。短暂的人生要修德、行善、求真，而非仅仅趋吉避凶，消灾解厄。因为越高的追求，便越接近宇宙与天地。《易经》不愧是百经之首，后世的发展，仅仅都是演绎它、学习它、解释它，而《易经》本身却愈发显得高远，即便解决好自己的人生困境又如何？生而为人，更重要的是去做人类共同发展的事情。

飞龙：极致参考

从 24 岁到 27 岁，是人生精力最为充沛的时段，也是人生爬坡最累、路途最为艰难的时段。可以随时受挫，亦可以随时振作。原本坚持了许久的东西，却在顷刻间土崩瓦解；原先无比在意的东西，突然顿悟释怀。人世间，随时都有风一样的飘散，雷一样的新生。转瞬之间，心境就变化了。这人世间的奥妙莫过于此。

正如长途跋涉的旅人需要手握一张地图，行走在人世间，也需要有一份人生的极致参考来支撑自己。而蕴藏宇宙智慧与世事奥秘的《易经》，则是人生参考的不二之选。

人生不是人工智能、也不是算法，可以预测每一个结果，而是处处充满了未知。而《易经》正可以作为一套数学模型和理论模型，来指导人生进退，掌控方向。人生是一场极致奥秘的探索，是一场或浅或深的亲证。人生是"简易""不易""变易"。《易经》的六十四卦、三百八十四爻、"彖传""象传""文言"等，都是在讲述的事物发展、变化的基本规律，为世间万物的变化提供着参考与解读。

俯瞰大千世界里的芸芸众生，那些成功的人物并不一定有顺遂的人生，那些被过度渲染的生活也许只是心灵的臆想。世间万物无时无刻不在变化，不能耽溺于表面的现象，而是要寻求内在的奥妙。而人生不过是在变动中，寻求一种相对稳定、相对有效的结果。

《易经》每隔10年，就应该系统地读一遍，从而得出不同生命阶段的不同体会。勿要因为追求高效就浮于表面，而是要去深刻地体会、深刻地思考，去遍尝人生的千百种滋味，才不枉来这人世间走一遭。

24岁之后，大部分人已经毕业走向社会，职场最初的3年，最讲机缘。要清晰地知晓自己适合从事的行业，拥有的人际圈子，需要的职业积累，以及自己的人生所能达到的境界。

龙之思维，是灵魂在前，组合在后，中国人的思维，总是有很多无巧不成书的境界搭配。如何更新人生？就是参考自己的过去与现在、历史与未来、经典和现实，从而去充分地感悟此时此刻，留下此时此刻的人生解说。

狮吼

狮子吼，佛讲法之譬喻。形容佛（或菩萨）讲法如狮子威服众兽一般，能调伏一切众生（包括外道）。在佛经中，众兽用来比喻种种业。象、牛、马这些对人有益的动物用来形容能带来福报的业；而鬣狗等一些恶兽用来形容能带来恶果报的不善业。

梁启超曾言："大海潮音，作狮子吼。"苏东坡也有诗句："龙丘居士亦可怜，谈空说有夜不眠，忽闻河东狮子吼，拄杖落手心茫然。"

当你正气足、一念不生、没有自私自利、没有贪嗔痴的时候，你发出的声音就能震耳欲聋、翻江倒海，令人闻风丧胆。

1. 生死苦海

《佛说大乘菩萨藏正法经》中有："如来由具四无畏故了知胜处。于大众中能狮子吼转妙梵轮。"即形容佛（或菩萨）讲法如狮子威服众兽一般，能调伏一切众生（包括外道）。

秦朔朋友圈有个作者叫过蝈，从事房地产研究多年，她写作的房地产方面的文章很受欢迎，代表作有《二线欢迎你》《租房落户，一线"控人"二三线"抢人"》《经济巨婴：一场房子的道德绑架》《鸡汤时代，旅行、学区房哪个更该投资？》等。

2017 年她怀孕了，但还是坚持写作到生产的最后半个月。我们这群作者，包括秦老师和我自己在内，无论自己身处何种境况，都会将写作当成一种生命方式，无论身体有多疲惫，都会用写作去整理心灵，所以一直在坚持，用心用力。我经常在凌晨三四点收到秦老师和其他作者的稿件。

2018年1月份，蝈生了一个健康漂亮的儿子。秦朔朋友圈自成立两年多来，陆陆续续怀孕的员工、特约作者、合作者生的全是儿子。我常常看她的朋友圈，也不忍心跟她继续约稿。3月份时问了问情况，她告诉我，她爸爸在她怀孕时被确诊为肺癌，我就一直不敢再打扰她。后来她给了我一篇《一夜中年》的文章，才知道，她母亲在她怀孕第6个月的时候被查出乳腺癌，她父亲在她怀孕第7个月的时候被查出肺癌，还是最厉害的那种小细胞癌。她非常冷静克制地写了这篇文章，甚至可以从文章中读出来癌症的科普知识。她还关心身处同样处境的别人："怀孕第9个月，我爸和我妈又同时开始化疗。两个人分别在两家医院，我有时上午看我爸，下午看我妈。有时还要去产检，一天跑3家医院。在肿瘤医院和母子医院间穿梭，后者天天都有人在笑，前者却一直看到有人在哭。其实很多癌症病患都很年轻，这让我也胆战心惊。印象最深的是乳腺癌病房中的一个二宝妈妈，年纪跟我差不多，怀二胎的时候雌激素紊乱，得了'妊娠乳腺癌'。现在宝宝出生了，她也开始安心化疗了。还有一个乳腺癌妈妈比我还小两岁，她说她向公司请假来做化疗，挂完针下午还要回去上班。真是无语，好像来做化疗跟上班溜出来喝杯星巴克一样。我想，你怎么就没有想想开，都得癌了，还上什么班。在家睡睡，出门玩玩才是正经。做个化疗还要见缝插针，太心酸了。没病的时候，都想要轻松。真病了，却不容易想开。"这篇文章是在 2018 年 4 月 28 日发出的，4 月 30 日，她爸爸就过世了。

读者留言里也有很多类似的悲惨经历，父母在同一年相继离世的、来不及看父母最后一面的、甚至怀着孕经历这一切的人。生死这个沉重的话题被打开："很多路要一个人走，谁都帮不了，生活的真相总是那么残酷、赤裸，你要么抵挡不了，消亡，要么继续往前，坚强，在阳光没出来之前，我们都只能在暗夜飘荡，等待曙光。"

内心要强大，强大到能够迎接生离死别。人生就是要去不断地承受痛苦，并且还能在痛苦之下试图解脱自己，也解脱别人。

2. 作狮子吼

此刻，我爱着这个诗人——鲍里斯·帕斯捷尔纳克，他曾说："人不是活一辈子，不是活几年几月几天，而是活那么几个瞬间。"

他曾在获得诺贝尔文学奖的长篇巨著《日瓦戈医生》中，有过这样一段的描述："一个人可以是无神论者，可以不必了解上帝是否存在和为什么要存在，不过却要知道，人不是生活在自然界，而是生存于历史之中。按照当前的理解，历史是从基督开始的，一部《新约》就是根据。那么历史又是什么？历史就是要确定世世代代关于死亡之谜的解释以及如何战胜它的探索。为了这个，人类才发现了数学上的无限大和电磁波，写出了交响乐。缺乏一定的热情是无法朝着这个方向前进的。为了有所发现，需要精神准备，它的内容已经包括在福音书里。"

人们对任何事情，都要做好精神准备。我想有时候信仰的作用就在于让人有生老病死的精神准备，不至于接受不了许多突如其来的变故。我甚至觉得，诗歌的作用也是如此，拯救人心，对抗至暗时刻。

在过蝈告诉我她父亲去世的这一天，我恰好因有事去了淀山湖上的报恩寺，那天是阴历十五，我看到一块藏经楼上"作狮子吼"的牌匾。走到3楼，却没有看到想象中卷帙浩繁的经书典籍，令人失望。

于是，我给静安寺的大和尚慧明法师发了一条微信："您一直致力于建设的三藏研究院，要是能成为那种存放佛学经典的现代化图书馆，让人一看到阳光照耀进来的典籍们，就能内心震撼而安静，那该有多好。"慧明法师一直想让擅于讲经的和尚讲解五十部经典并录入视频，进行现代化生活中的宁静致远的弘法。以前大和尚在朋友组建的群里，我一直没跟他私信过，没想到他回复得很快："很好的建议，将来会做一个。"

我曾随朋友去北京广济寺拜访出家的校友师兄，彼时他正是佛教协会会长助理，那天的北京下着初雪，木质门窗显得格外安宁，我们吃着斋饭聊着人生，听着雪，是我印象中最出世的体验。很多佛寺在传承佛教古雅文化的时候，影响不了人真正的内心。

3. 狮子文化

说回中国传统的狮子文化。中国最早关于"狮子"的记载，是在战国时期的典籍——《竹书纪年》里，其中有周穆王驾八骏巡游西域："狻猊野马走五百里。"狻猊，形如狮。《尔雅·释兽》中写道："狻麑（猊），如猫，食虎豹。"

后来张骞出使西域，开通丝绸之路后，狮子作为外来物种才被中国人所认知。在《汉书·西域传赞》《后汉书》等史书中，有如下记载："章和元年（公元87年）、章和二年（公元88年），月氏国（克什米尔、阿富汗）和安息国（古波斯）遣使献来师（狮）子。"

贞观九年，西域康国曾向唐太宗进贡一头狮子，大学士虞世南作《狮子赋》，敬畏地称赞狮子为"绝域之神兽"，"瞋目电曜，发声雷响。拉虎吞貔，裂犀分象。碎逖兕于龈腭，屈巴蛇于指掌。践藉则林麓摧残，哮吼则江河振荡。"

狮子是外来的，但它很快就融入中华民族的理想和情操中，并且被推崇备至。西汉长安城宫殿曾豢养狮子，唐代石狮取代神兽镇守帝陵，宋元时期石狮被用作镇宅神兽，后来雄狮象征社会太平，雌狮象征子孙绵延。

在民间，抢球和抱幼狮作为中国狮子文化的固定格式，寓意"子嗣昌盛"。尤其在宁波，"狮子"谐音"赐子"，狮子文化格外发达，宁波各地的牛腿狮、压绷狮、倒挂狮、狮子照壁、狮子柱础、狮子灯、狮子牌坊、镇宅狮、香炉狮、护桥狮、石敢当狮、屋脊狮、踏脚狮等不胜枚举……狮子文化在中国大地上绵延流传，喻世吉祥。

狮子在人间，守护着人们，度过生生死死。

狮吼：智慧调伏

狮子吼，佛讲法之譬喻。佛教有十大方向，名"十方"，即上天、下地、东、西、南、北、生门、死位、过去、未来。佛教也有起修十念：一念佛谓于如来相好功德，二念法谓诸佛教法，三念僧谓菩萨罗汉圣僧，四念戒谓佛所制之戒，五念施谓布施能破悭贪，六念天谓诸天善业成就，七念休息谓于寂静之处，八念安般安般，九念身谓此身头目手足，十念死谓人之生。

大海潮音，作狮子吼。在 27 岁之后，人生就要开始迎接所有不完美事情的发生，做足充分的精神准备。

现代社会有 27 岁定律，此时男人心理上会渐趋成熟，慢慢会稳定下来，30 至 35 岁时，就到了适合结婚的年龄。男人是八年一变的，而女人是七年一变的。女人在 27 岁后，生理上开始走下坡路，这一点《黄帝内经》早已经阐明，而且许多人会经历情感挫折。人从 27 岁开始，推理能力、空间想象力、认知能力、思维速度等诸多方面，都开始呈现衰退态势……

我第一次怀疑人生意义就是在 27 岁左右。名利的背后充满了威胁，没有人能随随便便成功，所以成功者身上总会背负着原罪；爱恨的背后充满了变数，没有人会轻易付出，得到的愉快仿佛是嘴角上的轻烟；趋炎附势从来不是美德，但却被认为是捷径。任何人都可能背叛你、离开你、伤害你，人生充满了种种负面的可能性……在这种种喧嚣中，如何获得内心的安宁？如果此前早已做好了精神准备，此时就会暂时隔绝一下，就像突然关掉吵闹音乐的那一瞬间，关掉发动机轰鸣的那一瞬间，听到狮子吼的那一瞬间。

智慧，该是这个世界上人们最需要的东西了。人生哪里那么简单，又哪里那么难？人的一生，很容易衰老和疲惫。人面对可能发生的事情，都要调伏智慧，有足够的精神准备。比如面对死亡、面对不幸、面对背叛，这个智慧可能来自宗教知识、哲学知识以及专业知识等人文类知识，这个过程中是没有科学、没有逻辑的，也无法用自我的理解力去释怀。每个人的内心各有不同，即使有共同之处，也因巨大的差异而无法统筹，而这也许正是造成人们彼此相互伤害、不可理喻的原因所在。

所以要多跟有智慧的人在一起。真正流露智慧的人，没有高高在上，也没有故作神奇。真正的智慧是亲近人而不是疏远人。有缘能够碰到智慧之人的启迪，是人生最大的乐事。

要抽离出当下的环境来看自己，开放地面对问题。要知道再大的丑陋、羞耻、意外，都会随着时间逝去，悲伤、恐惧、失落、打击，则是情感升华的必经之路，甚至还能促进自我的进化。

我们在管理自己的内心时，能感受到别人在相同处境中的最优选择和最坏打算。智慧，就是一颗慢慢通透的心灵。一实，不二。

卷

三

猫义
当熊
雪狼
凤舞
鹤鸣

猫义

猫义，取自司马光的《猫虪传》，文章中这只叫"虪"的猫，就是仁义的化身。"仁义，天德也。天不独施之于人，凡物之有性识者咸有之。"

在中国古代文化里，猫是一种奉献的、仁义的角色。同时，猫又慵懒而高贵，孤独但自由，优雅又带着神秘。

要滋润人心，总要有一些这样神秘而又平常易得的存在。就像艺术，好像很远，又好像很近。这世间，唯有道德和才情，永恒。

1. 将内心化作艺术

印象中最深刻的关于"猫"的作品，是八大山人的《猫石图》。

八大山人是谁？他叫朱耷，朱元璋第 17 子朱权的九世孙，是明末清初的画家。中国名人都是镶嵌在历史背景里的，在后世人的印象里，朱耷的一生命运坎坷，亡命之徒般的不如意。人们认为他的内心是孤愤的、愤世嫉俗的，认为他的画的风格是枯索冷寂、满目凄凉的。

人们总是习惯于用记得住且理解得通的方式去理解别人。他们会说，你瞧，他的鱼，他的鸟，他的鹿，甚至鸳鸯全都在翻白眼。

白眼，是一种多么鲜明而直接的态度。作为社会性动物，人们对于脸部表情尤为敏感。笔者最近看中国古代相学名著——

北宋麻衣子李和所作的《麻衣神相》，里面有一个观点是说：一个人如果整体是十分的话，面部就占六分，而眼睛又占去三分。睡觉时，元神停留在心里；清醒时，元神游走在眼睛里。八大山人，学佛亦学道，应该非常懂得这个道理。所以他笔下的动物，都有一些神韵，特别是眼神，表达出超乎那个时代的个性。

一个人身上的背景只是底色，他所经常做的事情，才是他一生的内涵。八大山人经常作画，把一切理性和感性都用在画里，很难说，他一定要寄托什么特殊的感情。只是作画的每时每刻，他的灵魂在发光发热。

八大山人是水墨写意画划时代的人物。他的老师是董其昌，松江华亭（今上海闵行）人，他常用佛家禅宗喻画，对八大山人的影响颇深。

真正的艺术大师，都是将宗教、哲学等精神领域的境界，天然整合、融入艺术创作中，有成者大多都进入了"自由王国"，能将整个人生的生命体验都表达出来，这是一种天赐的创造力量。

八大山人笔下的山、石、树、草、鱼、鸟、茅亭、房舍，看似漫不经心，实际却是有法有境，是情感和技巧的有机融合。齐白石最推崇的画家就是徐渭、八大山人、吴昌硕，他曾作诗道："青藤雪个远凡胎，缶老衰年别有才。我愿九泉为走狗，三家门下转轮来。"

一个人如果在艺术世界里修炼，一定会远离自己的俗世情绪，抽离自己，并用尽自己高洁纯粹的精神去旁观这个世界。所以，我喜欢那只猫，紧紧闭上眼睛，仿佛想让元神离开，世界为之静寂。《猫石图》是八大山人71岁所作，画面中一只白猫蹲于石巅上拱背缩身，与山石浑然一体。它闭目养神，全然无心观赏四周荷花、兰花等俏丽的风景。有人说，这是形容八大山人作为明朝遗民在清王朝统治之下不闻不问、远离世俗的隐遁行为。

2. 八大山人的猫

实际上，八大山人画的猫有许多：有背影的、有侧影的、有瞪眼的、有白眼的、有俯视的、有仰视的、有闭眼的……各种姿态、各种感情应有尽有，正如人生的每一天、每个阶段也都是不一样的。人有悲欢离合，月有阴晴圆缺，顺境逆境交叠，优势劣势互转，众人簇拥瞬间之后变成无人问津……面对种种人世变化，唯有得道的人不会局限在一时一地的特定情绪里不能自拔。

明末清初的文学家邵长蘅曾写过《八大山人传》，记载了八大山人的奇闻轶事。据说，八大山人居于山中20年，来向他学画的人多达一百余人。于是临川县令胡亦堂将他请到官舍，不料一年多后，他的精神竟然出现了问题，常常大哭或大笑，甚至一度流浪徘徊在街市上。人们围观他嘲笑他，却没人认得出他。直到他的侄子在街上遇见他，才把他带回家修养，过了很长时间，他的病才逐渐好转。

这个世间的人，总是慕名而去追逐谁，但却从来不知道保护那个人。

八大山人擅长书画：行楷学习王献之、颜真卿，但也有自己的风格；他的草书，怪异且有气势；他的画自由自在不受约束。据说他常常给贫困的读书人、和尚僧众、街市上的屠夫、卖酒的人作画，别人请他喝酒，他就喝醉后创作，却从来不给达官贵人作画。人们争相收藏他的画，达官贵人只能去穷人那里购买。

他的内心是崇尚平等的。他爱世人，可世人真的爱他吗？"墨痕不多泪痕多"，他那么爱惜自己的笔墨，为了这些人可以毫不吝惜。但在他疯癫时，人们却似乎都不认识他了，所有人表现出来的都是利益、规则，还有中国人历来的跟风看热闹，莫不令人寒了心。

有一天，他突然在门上写了个"哑"字，就再也不说话了，只会笑，且更喜欢喝酒了，喝醉之后就叹息落泪。当邵长蘅去拜见他时，他借助手势表达，其实他内心很想与人交流。作者感慨，认识他的人很多，竟然没有一个人可以真正了解他。他内心有很多无法自我排遣的东西，如同巨石阻挡泉水，湿絮阻遏烈火，无可奈何。

他是缺知己的，他太孤独了。国仇家恨只是他人生中深远的背景和底色；在世俗的人间烟火下却又满身孤独；而身边也没有人真的照顾他、关怀他。如同徐渭和梵高，一生都是孤身一人。

所以安静的是他们，癫狂的也是他们。内心柔软的人，一定有坚强的地方；内心坚强的人，却无法流露自己的软弱给别人。在艺术的王国里，有奇迹，但没有温暖。

美国耶鲁大学美术馆曾举办过八大山人画展，主要策划者是书法家和美术史家王方宇，以及耶鲁中国美术史教授班宗华。他们经过五年的苦心筹备，搜集了一百多幅八大山人的作品。《纽约时报》以整版的篇幅报道过这个展览，甚至把八大山人与梵高作比。

吴冠中曾经评价梵高："他热爱色彩，分析色彩，他曾从一位老乐师那里学钢琴，想找出色彩的音乐，他追求用色彩的独特效果表现狂热的内心感情，用白热化的明亮色彩表现引人堕落的夜咖啡店的黑暗景象。"而八大山人，则是用一种丰富的不能为世人道的情感，携带那支至简的笔，勾勒出了生物的灵魂。

有人说八大山人的《花鸟手卷》是蓬勃跃动的。古人总要冲破许多文化障碍，才能被现代人所接受，所以唯有那些简约化、解放化、不断进化的东西才能得以长存。

20岁，国破家亡；36岁，弃僧入道，在今江西南昌创建青云谱道院，过着"一衲无余"与"吾侣徒耕田凿井"的劳动生活；62岁，他把青云谱道院交由他的道徒涂若愚主持，独自居住在章江门外一座陋室里，靠卖画为生，孤寂贫寒地度过了他的晚年。

有人评价他笔下的动物们："雏鸡不以微小的存在而自怜，孤鸦不以站立危石而恐惧，不是本分从命，而是超越于危困之无所畏惧。"现在与未来，无论美好还是糟糕，自己不过是个过客。旁观这个世界，留下一些东西，然后告别，不管那些东西能不能长存，至少它们曾经轰轰烈烈。

3. 司马光的猫

司马光，以幼时砸缸救人的轶事为世人所熟知，他主持编纂了中国历史上第一部编年体通史《资治通鉴》，也是宋朝的四朝（仁宗、英宗、神宗、哲宗）元老。

司马光 66 岁时，写过一篇《猫虪（shù）传》，记录了自己所养的猫。"虪"是这只猫的名字，翻译成现代文意思是"黑虎"。黑虎是只母猫，它总是先等别的猫吃完才去进食，还会帮助哺育别的猫娃。有一次，黑虎的孩子被顽皮的猫咬死了，司马光的家人却误认为是它咬死的，就打了黑虎一顿，还把它送到了附近的僧舍去，而它竟然绝食明志。后来，家人把它接回家，洗刷冤情之后，它才恢复了进食。司马光相信"仁义，天德也。天不独施之于人，凡物之有性识者咸有之"，他家的"虪"就是这样一只仁义的化身。《猫虪传》是中国古文里，对猫最为褒奖的一篇。

其实，在司马光之前，韩愈也写过一篇《猫相乳说》。故事讲述的是，司徒北平王家有两只母猫在同一天产仔，其中一只母猫不幸病死，它的两只幼仔本能地去吃死去的母亲的奶，因为吃不到奶，幼仔嘶叫得非常悲伤。另一只母猫正在哺乳自己的孩子，听到了幼仔的叫声，便跑过去叼着其中一只幼仔，放在自己的窝里，又去叼另一只，返回来给这两只幼仔喂奶，像对自己的孩子一样。但韩愈认为，"夫猫，人畜也，非性于仁义者也，其感于所畜者乎哉！"意思是猫本身并不懂得仁义，而是被它的主人的道德所感化，所以司马光批判了他。

猫很安静，养猫使人内心安静。马未都说："中国古人不注重猫的品种，而是喜欢研究猫的花色，'雪里拖枪''鞭打绣球''雪中送炭'等将文化寄托在里面。民间世代流传着'猫有五福''猫入福地'的说法，认为流浪猫进宅是'五福临门'、大吉大利的事。何为五福？古人认为是'长寿''富贵''康宁''好德''善终'，并认为'五福'合起来才能构成幸福美满的人生。"

古代陆佃、陆游、黄庭坚、王冕等文人墨客都写过关于猫的文章，留下了很多猫文化的情结。古代民间有美好的"聘狸奴"习俗，以示对小生灵的重视。猫和猫文化的生命力都很顽强，如今它们甚至在二次元世界里找到了新的天地。

猫义：艺术滋养

八大山人作《猫石图》抒怀，司马光写《猫虪传》明志。拟人是中文里最常用的修辞。人们用艺术表达内心，无论是绘画还是诗歌散文，都是中国古人寄托心志的主要手段。艺术是滋养人心的主要方法。物像我，我像物，我陪物，物陪我，物我融一，不再孤独。

猫义对应的是人慢慢接近 30 岁的这个时段。一个人的内心世界，随着自身阅历的积淀，会产生许多如哲学、思想、智慧等厚重的东西，倘若没有轻盈普适的表达方式，它们就会在心里凝结，成为许多未完待续的想法。若是能像八大山人一样作画，像司马光一样写作的话，也许就找到了寄托心灵的方法。有人能在自己做的每件事上，都注入自己的心得和理解力。如同高僧开过光一样，但凡经过他的手，文字就变得遒劲有力，画就变得意境重重，连衣着都格外笔挺，事情也办得利落漂亮，艺术不仅存在于绘画和文学中，领导艺术、行为艺术都可以囊括进广义的艺术之中。

闭上眼睛、不闻不问，并不是不关心这个世界。像八大山人一样的得道之人，不必去跟别人解释自己存在的方式，也不必去解释自己的悲喜来由，而是全数寄托在诗画里。孤独是一种无法进化的东西，反而它更具有普适性，更容易令人感同身受。不是本分从命，而是超越于危困之无所畏惧。孤独是必然的，无论是否耐得住寂寞，是否拥有一颗强大的内心。

人慢慢接近 30 岁，越发感受得到世界上的孤独，越发要有柔软的心灵去承接这份责任和寂静。在这个年纪，自己的背景、脸上的故事、整体的气质，都基本定型了。人格魅力、智慧、学识、胆略、经验、作风、品格、方法和能力等都是我们需要一一去梳理、去把握的东西。在这个世界上，人不仅要学会与自己相处，也要与纷纷扰扰的人进行交流交往。

猫的心，猫的义，可孤独也可仁慈。内心，该有一个深刻的运转机制，每个人都不为别人所熟悉，只有将自己的才情和道德寄托在艺术之中，孤独的心才不会枯寂，反而被浸润得柔软、透明。

当熊

　　当熊，典故名。典出《汉书》卷九十七下《外戚传下·孝元冯昭仪传》。讲述的是冯婕妤为了保护汉元帝，挺身而出，挡熊救驾的故事。后多以＂当熊＂为女性临危不惧、奋不顾身之典。

　　英国作家麦克·莫波格曾说："判断一个人是不是英雄，不应该看他／她愿不愿意拿自己的生命来博，而是应该看到别人都在惊慌无措甚至做出错误决定时，他／她是不是能保持镇定。"

1. 当熊冯婕妤

一个人如何成为英雄？也许只要任何时候保持内心镇定就好了。

《汉书·孝元冯昭仪传》中记载了这样的一个故事：汉元帝带领后宫到虎圈看斗兽，突然，虎圈里的熊越出了栅栏，并往看台上爬，随时可能袭击人。元帝左右的妃子们都吓得花容失色，四下逃窜，太监们也都抱头逃命去了。这时，冯婕妤却迎着熊走了过去，熊被弄糊涂了，停了一下，侍卫们立刻围上来将熊杀死。

后世多以"当熊"为典故，象征女性临危不惧、奋不顾身的英雄气概。

冯婕妤本名冯媛，是西汉将领冯奉世的长女，后来被选入后宫，生下儿子刘兴，被封为婕妤。在挡熊救驾之后，汉元帝感激惊叹，对冯婕妤倍加敬重。而当时得宠的傅昭仪却心怀嫉妒，与冯婕妤产生了嫌隙。汉元帝去世后，冯婕妤与其子刘兴去往封国，最后却遭傅太后诬陷，服毒自杀。

冯婕妤"挡熊救驾"的故事，让我想起另一个女人——邓文迪。2011 年 7 月 19 日，英国议会就《世界新闻报》窃听丑闻质询默多克父子时，一名男子突然从听众席窜起，手拿餐盘，欲对默克多进行袭击，默克多的妻子邓文迪当即起身反击，第一时间抬起手，准备给袭击者一巴掌。袭击者随后被警方带走。尽管邓文迪总是绯闻缠身、是非不断，却不得不让人佩服她的镇定和勇气。

无论古今，凡有大成绩大成就的女人，无不与其内心的镇定和勇气有关。道商巴寡妇清、秦商周莹都是这样的女人。

2. 道商巴寡妇清

她叫清。司马迁叫她巴寡妇清。

这个腰缠万贯、富甲一方的女人，出生在距今大约 2300 年前，秦始皇都叫她"大姐"。据史料记载，公元前 316 年，秦惠王派张仪和司马错灭蜀后取巴，置巴蜀治江州、垫江、阆中、江阳、枳县等六县。而巴寡妇清就是这六县的首富，也是当时秦国的首富。此外，她有一支数千人的私人武装（据重庆市考古队发现，现存的武库遗址即为寡妇清当年囤积武器的库房）。不得不令人叹服古代女人就有如此的谋略和胆识。身为商人的巴寡妇清比南宋著名纺织女企业家黄道婆还要早一千四百多年。

巴寡妇清丈夫的高祖父是位医生，一次采药时，因为避雨发现了一个山洞，山洞里遍地都是半透明的红色或棕色的晶体，他认出这就是自己寻找多年的丹砂矿。他回家后，马上筹集资金，雇请工人，开矿炼丹，提取水银。经过几代人的积累，这个家族实业越做越大。巴寡妇清出身微寒，却兼通诗礼，18 岁时嫁到夫家。不幸的是，一年之后，公公去世，四年之后，丈夫也染病身亡，清在 22 岁时就成了寡妇。清没有生育一儿半女，也没有兄弟姐妹相扶，只能以一己之身，整个扛起夫家的炼丹事业，却使得家业更加兴旺。

司马迁曾给她写过传："巴寡妇清，其先得丹穴，而擅其利数世，家亦不訾。清，寡妇也，能守其业，用财自卫，不见侵犯。秦皇帝以为贞妇而客之，为筑女怀清台。"并由衷地礼赞到："清，穷乡寡妇，礼抗万乘，名显天下，岂非以富邪？"并将她和范蠡、子贡、白圭、猗顿、郭纵、乌氏倮一起列在"货殖列传"——

古代富豪榜上。

我再写她，极其露怯。但却发现了一个新的观点，她是中国本土孕育的儒商之前的"道商"。

寡妇名清，据说是她与道家乃至早期道教具有某种关联的标志。巴蜀是早期道教的重要发源地，炼制服食丹药又是道教徒追求得道成仙的重要手段，所以结合寡妇清的地位身份，既可推见到其与道家乃至道教之间的联系，又可推见其与丹药炼制之间的渊源联系。道家以清静无为为宗旨。《史记·老子韩非列传》称："李耳无为自化，清静自正。"太清、三清等是道家极为重要的概念。有了文化加持，巴寡妇清更能有道商的气质了。

何谓"道商"气质？

运筹帷幄、超前思维。

巴寡妇清简直是商业天才，她选取了3个经验丰富、老实厚道的负责人，分别管理采采、炼丹、销售。此外，她还特别设定质量检测岗位专门负责丹砂质检，合格的就贴上"巴记丹砂"的封条。她奖勤罚懒，工伤工人能得到及时治疗，年老工人能得到妥善安置。

寡妇清的运筹学也是运用得炉火纯青。蜀地交通不便，她就采取了多点供给、分散生产的办法。枳县东西跨距大，虽有水路，但沿途崇山峻岭，汞又比较重，水运着实困难。所以这位智慧的女商人就在临江高地进行多点冶炼，从而省去了成品水银的繁琐搬运，大幅提高了效率、增加了产量。同时，她也是解决就业问题的社会实力家，全县五万人受她雇佣的多达上万人。此外，她身居巴国内地，内心却怀有全国图景，她设计了好几条路径：第一条，顺长江而下，将丹砂运至中原地区；第二条，通过古褒斜道翻越秦岭，将丹砂运至咸阳、长安；第三条，由水路至巫山罗门峡口，经150公里栈道通大宁河，再北上出川进入秦岭古道……巴国由是成为当时全国最大的丹砂供应地。

清静自然、内心忠贞。

按照《易经·蛊卦》所说："初六：干父之蛊。有子，考无咎。厉终吉。"（意为初阴：受到前人正确言行的迷惑和启示。有所得，思考做事没有灾祸。艰难磨砺，吉。）蛊卦是专门讲继承人问题的卦。她22岁守寡后，全心全意扑在夫家留下的事业上。身处封建社会，一个腰缠万贯、灼灼年华的寡妇，各种追求者一定大有人在，况且当时社会对改嫁有着极强的包容度。

而寡妇清作为事业狂人，她要保住"巴记丹砂"的招牌，不想丈夫几代人的心血付诸东流。她也追求清静自然，因为她无儿无女，反而了无牵挂，能够按部就班地做着自己想做的事情。她对财富的态度是"取之于民，用之于民"，平时生活简朴，经常仗义疏财、赈贫济困。比如在一次特大冰雹袭击后，她慷慨拿出巨额银两，安置灾民；比如资助小女孩全家去京城咸阳医治怪病；比如雇人照顾老年瘫痪夫妻。寡妇清死后的墓穴，被当地人尊称为"神仙洞"。

有缘成事，尽力而为。

秦始皇叫她"大姐"，派人将她接入皇城，当时王公贵族们都被她的风采所折服。她捐助约数万银两（约值黄谷数千石）供秦始皇修建长城。寡妇清最后却因为体弱多病加之在咸阳水土不服，卧病在床，病死京城。秦始皇在她死后专门下旨为她修筑了"怀清台"。

巴寡妇清并没有什么政治诉求，亦没有政商关系的需要，她在那个年代做了她应该做的事情。中国人通常把孤独留给自己，热闹都予别人。孤独留给自己，重视有形无形的修炼，可惜寡妇清没有留下任何诗文；热闹却留给那个时代，创造出了更多的社会价值。

可能道商太难，还是儒商好当一点，道商更加注重人与天之间的关系，而儒商更加注重人与人之间的关系。

巴寡妇清之所以能在那个时代有一番作为，不仅与她的个人素质有关，也与当时秦始皇的意志有关。当时，秦始皇对战马和丹砂都有需求，他虽然凶残，却也是理性有为的皇帝，能够礼遇拥有战马资源的乌氏倮和拥有丹砂资源的寡妇清。一个人从事的行业，一直是非常重要的，丹砂开采业并不与农耕经济相冲突，并且它的消费族群都是王公贵族，跟平民百姓没有多大关系。但秦始皇对巴国的政策比较灵活，寡妇清来自于世家大族，从统一大业来看，安抚有势力的巴人有利于暴乱不频发。此外，从秦始皇自己的自身经历看，他自己的母亲与嫪毐之间不光彩的事件对他影响颇深，他需要把敬重"贞妇"作为"匡饬异俗"的典型之一，与他所宣称的"皆务贞良""有子而嫁，倍死不贞"的社会大治标准吻合。

在这新平庸时代，让我们多看看这些人，觉得大有意思。

3. 秦商周莹

作为清末陕西女首富，周莹生于同治八年（1869 年）。周莹的曾祖父周梅村主营盐业，是富商大户，为人仗义，人称"周八爷活财神"。周家被农民起义所重创，家道中落，17 岁的周莹被兄嫂嫁给重病缠身的红顶商人吴蔚文独子吴聘冲喜。左宗棠收复新疆之时，吴蔚文提供粮草，素有"饷靠胡雪岩，粮靠吴蔚文"之说。吴家当时家世显赫，而对周莹来说，命运的福祸转变只是一瞬间。她注定要当寡妇，又注定成为挽救家族于水火的女强人。

婚后仅一年，公公遇难，丈夫病逝，18岁的她临危受命。好在她从小就亲历亲证过诸多人世变迁、时代变化、思想变革、人情冷暖，她迅速收起女人的悲戚，与意欲私吞财产的掌柜们和族人们，打起了一场场明争暗斗的硬仗。尤其是在应对成都山货药材店川花总号主管和扬州裕隆全盐务总号主管的过程中，她不仅及时处理了公关危机，也懂得打点人情世故安抚人心。她是个重情重义的人，也格外优待重情重义的人。因为在乱局乱世，最宝贵的就是人与人之间的守望相助。

于是，周莹建立起了一系列机制，来调动员工的积极性。包括最早的"员工持股计划"，即将维持生活外的薪酬都用来参股，年底分红；高薪招聘优秀人才，如扬州"裕隆全"的全体店员薪酬提高两成，年底还分红，使得他们当时的薪水在江南同行中超群；她还推出了"阴俸"，其实就是相当于现在的养老保险、失业保险。

中国企业家的传统，首先是做好家业，照顾好家里人。周莹对管事伙计、丫鬟书童都很和善，不但帮他们成家立业，而且还教育他们的子女。那时的员工天然地也是家里的一份子。这让她广结人缘，又能集思广益。始终跟随她的忠心耿耿、有勇有谋的能人多达几十人，如罗天增、杨茂亭、王子绪、王幼童等，帮她经营全国各地商业（当时，吴家在全国有108家分店，涉及淮盐、布匹、药材、米粮、油坊等各行各业）。

照顾好家里人之后，她也有能力照顾乡里人，她设计了"包产到户"的雏形，将陕西境内土地仅保留了安吴堡附近的600多亩水浇地，用于保证基本口粮需求。其余1000多亩土地，她全部交给原佃户管理，佃户自负盈亏，纳税之后每亩地每年象征性缴纳斗粮做租金。如遇歉收或灾祸，则当年租金免收。以上条款，在双方自愿的基础上签订，20年不变。在战乱和天灾期间，她开仓放粮，设置粥厂，又出资为周边村庄打了几十眼深井，解决了用水困难的问题。兴水利、办教育、建文庙，所有她力所能及的事业，她都会事必躬亲。

在兼济乡人之后，就是为国贡献，为商人赢得尊重。周莹是一个胸有大局的人。1900年，八国联军侵犯紫禁城，慈禧挟光绪皇帝逃离北京，抵达西安。适逢西安灾荒，急需赈抚，而慈禧又改不掉大手大脚的毛病，陕西巡抚端方向富商大贾劝捐募银，周莹积极响应，捐银10万。两个女人彼此也算心心相惜，丈夫早亡，一人主掌局面，慈禧亲题"护国夫人"，收她做义女。《辛丑条约》签订后，她又进贡白银，疏解清政府国难，被封为"一品诰命夫人"。她的家国观是朴素的，没有及时更新时代观念、变革观念，这也是她的局限性所在，但她为国抒财的仗义依旧值得后人称赞。

周莹是有商业天分的，对数字过目不忘，懂得"以丰补歉"的价格垄断的道理，也懂得价格回归价值等原理。她无论卖粮、卖布、卖茶叶，都亲自监督品质，女人的优势就在于细节处的亲身体尝。诚实无诈，自律自戒，商业史仅有的两块保存至今的"诚欺匾"，就出自她之手，她也是现在流行的"假一赔十"的创立者。

周莹的企业家精神是什么？谋一片生机勃勃，做一番欣欣大事。出身、绝境都改变不了她的信念。电视剧《那时花开月正圆》里有一个笔者印象特别深的场景，吴聘对周莹说，"我们一起把吴家东院发扬光大，做到陕西第一，天下第一。"人与人，感情和事业是可以同步修炼的。在中国人心里，虽然有花开花落、阴晴圆缺，但追求的是浑圆、圆满。做一番事业，是身心、社会、国家、天下共同得益的过程。中国式的企业家精神，首先是心胸和格局的开阔，具有大气概，后面才是各种道和术的完美运用。

当熊：气概养成

人生必须在某些时刻特别勇敢。所有的勇气，似乎都在某个时刻一并爆发。人生要刚柔并济，艺术气质是一方面，英雄气概是另一方面。

年过30，特别是到了33岁，民间有云："三十三，乱刀砍"。这个年纪，无论男人还是女人，都处于事业的转型期，即便正处于上升的通道中，拦路虎和障碍也会猝不及防地出现。此时，下一代已经出生，或即将出生。生活的千疮百孔会一一显现，父母的健康问题、孩子的教育问题、自我发展问题、家庭和谐问题，这些都不是可以用金钱去简单解决的。

人生在世，就要有当熊的气概，要越活越勇敢，不怕麻烦、不怕牺牲。有时候，人学的东西越来越多，会去主动规避风险、省却麻烦，似乎内心是通透了，但却忽视了高风险才能带来高收益，高挫折才能造就起一个盖世英雄。人生想成就一番事业，就必须有不去计较、豁出去、甚至甘愿献身的英雄气概。

人到中年，反而不是求安稳、求平凡的时刻，现代人的人生往往有多次的跃迁过程。在K12（学前教育至高中教育）时期，人们精细管理了每个阶段的精神和知识投入，那么成年之后呢？就要建立起成熟的人生体系。莎士比亚曾在《皆大欢喜》中，将中年之后的事情都描述成衰亡。三四十岁的人生主要任务是巩固事业，实现人生的飞跃。哈佛大学格兰特研究有一条结论：成年人的发展并不是有条不紊的过程，是一个艰难抗争摸索的过程。

这个世界从来不缺完美的人，缺的是从心底给出的真心、无畏、正义和同情。

那么一个人如何成为英雄？也许只要内心镇定就好了。一个人如何创业成功？要有道商的品质：运筹帷幄、超前思维；清静自然、内心忠贞；有缘成事，尽力而为。

一个人如何赢得尊重？照顾身边的人，随着能力的拓展，能顾及的范围越来越大，大到能为国家贡献的时候，就可以尽情发挥自己的道和术，即使不属于一门一派，也能圆满地交出自己浑厚的一生。

那么中产如何跃迁再升级？就要去有责任感地冒险，带着镣铐还尽情舞蹈。美国布道家、学者贝尔曾提出著名的"贝尔效应"，即"想着成功，成功的景象就会在内心形成；有了成功的信心，成功就有了一半把握。"贝尔天赋极高，曾经不止一个人预测说，如果他毕业后进行晶体和生物化学的研究，一定会赢得多次诺贝尔奖。但他却心甘情愿地走了另一条道路——把一个个开拓性的课题提出来，指引别人登上了科学高峰。

　　成功其实并没有想象得那么难，有时需要的仅仅是气概和勇气，这正是一般人所缺乏的！成功也在人与人之间的沟通中，要去营造"名片效应"，即有意识、有目的地向对方表明态度和观点，如同把名递给对方。做到这一点，就需要自己付出勇气和时间，去整理自己的精气神，提炼自己与他人共鸣的观点。而达到成功最为重要的是，一个人要有家国抱负和情怀，有大格局、大视野。

雪狼

　　雪狼有巨大的头和细而柔美的身体，被称为"梦幻之狼"。雪狼热爱家庭，成群结队互相帮助，具有团队精神。

　　在诸子百家中，只有墨家注重打造自己的团队。墨子建立了巨子制度，纪律严密，墨家弟子出国做官多是墨子推荐。墨子要求墨家弟子必须执行墨家的主张，一旦违背墨家的章程，墨子有权召回弟子。

　　如今墨家的信仰者和传播数量，就如雪狼一样稀少。内心最重要的是淡定从容，但与团队相处的时候，要有把自己装入体系之中的情愿。

1. 狼文化

狼，昼伏夜出，冬天常聚集成群。性情凶暴，捕猎野生动物和家畜等，有时也伤害人。狼在世人心中，多是充满野性的、冷傲的、残忍的、贪婪的。所谓狼性，可概括为野、残、贪、暴。狼是地球上除了人类以外分布最广的动物，具有很强的生命力和适应性。

数千年来，中原地区培育的是中庸之道和礼仪秩序感，而游牧地区则偏重自然崇拜，人们必须团结起来在艰苦的大自然中求得生存。从这个意义上说，狼与中原文化是格格不入的，而更适合游牧文化。

在中原文化中，狼多是负面形象，比如《国风·豳风·狼跋》"狼跋其胡，载疐其尾。公孙硕肤，赤舄几几。狼疐其尾，载跋其胡。公孙硕肤，德音不瑕？"（老狼前行踩下巴，后退又踩长尾巴。公孙挺着大肚囊，脚穿红鞋稳步踏。老狼后退踩尾巴，前行又踩肥下巴。公孙挺着大肚囊，品德声望美无瑕。）诗以"狼"的进退皆狼狈不堪的情景，来衬托周公进退从容、无所往而不宜的智慧品德。又比如，"出门无人声，豺狼号且吠"（蔡文姬的《悲愤诗》），"流血涂野草，豺狼尽冠缨"（《古风·其十九》），"所守或匪亲，化为狼与豺"（李白的《蜀道难》），都在形容不好的世道。

雪狼，在狼的种类中属于体型较大的，身长近2米，重70公斤，有巨大的头和细而柔美的身体，全身雪白，只有头和脚呈浅象牙色。据称，全球仅剩7821只雪狼生活在中国人烟绝迹的荒山上。它们夏天过着小家的生活，雌雄成对养育幼仔，冬天则组成较大的群体，成群结队狩猎，捕获食物，具有极强的团结分配意识。雪狼在冬天会不停地寻找猎物，一次可远行200公里，每小时约30公里。雪狼追寻猎物，锲而不舍，有时候一追就是几十公里。

雪狼很像现代的人类，既有自己的小日子，也会共同开拓事业，共克时艰。狼一生只有一个伴侣，对家庭有强烈的保护欲和责任感，对团队也很忠诚，若是以一己之死能换取众子之生，它会毅然决然地选择死亡。

2014 年，姜戎的《狼图腾》一书火了之后，很多公司将狼文化植入自己公司文化基因中。国人对狼的喜爱也逐渐加深，不再抱有古老而深重的偏见。其实，就狼的团队精神而言，中国人自古就推崇备至了，最典型的是墨家。

2. 从大禹到墨子

中国自古就是灾难频发的国度。据邓云特《中国救荒史》统计："从秦汉至明清，各种灾害和歉饥达 5079 次。其中，水灾 1013 次、旱灾 1022 次、雹灾 541 次、风灾 512 次、蝗灾 460 次、疫灾 254 次、霜雪灾 194 次、地震 686 次、饥灾 397 次。"陈高佣主编《中国历代天灾人祸年表》涉灾范围更广泛，得出的数字更大："从秦汉至明清，各种灾害和歉饥达 9697 次，其中，水灾 3459 次、旱灾 3504 次。"

在这么灾难深重的国度，流传下来的浅显易懂的防灾减灾知识却少之又少。"士"太注重精神层面，以及形而上的东西了，而普通百姓（农、工）就算有一定的应对经验积累，也难以记录且流传下来。各种灾祸多见于史书中记载，天灾人祸林林总总，而各种应对政策却甚少有人研究，从古至今，似乎依然如此。

回到古代，在我们的历史记忆里，是有灾难观和救灾者的，比如深得民心的大禹。据说当时大禹治理洪水时，不辞辛苦，不避风霜，三过家门而不入。也有一些细节流传下来，比如因长期在泥河里干活，他的腿胫和腿肚上的汗毛都脱落了。在大灾面前，要有战略、方法和技巧，更要有恒心恒力。

据《庄子》《淮南子》记载，最崇拜大禹的当属墨家。因为他符合墨家的理想：工程出身，虽其父鲧是恶人，但他却爱天下人，是"兼爱"的典范；英雄不问出身，舍小家顾大家，团结民众治水治邦，救苦救难。据说，墨家后世弟子，会比一件旁人看不懂的事情，比谁的小腿腿毛更少，谁就是学习大禹学得更到位。

墨子自己做过工匠，我们的教科书和分析家们常称他是"中国历史上唯一一个农民出身的哲学家"，工农小生产者的代表人物。据传，他会制造载得50石重的车辖，工艺水平甚至超过鲁班。墨子的弟子超过300人，也是一个有生产能力、战斗能力、传学能力的团队组织。墨家的行世宗旨就是"兴天下之利，除天下之害"，行动原则是"苦而为义"，愿意为此"赴汤蹈火、死不旋踵"。

从大禹到墨家，以救灾救难为己任这条民族情结线，就是这么维系下来的，即使后来墨家衰退，其"任侠趋义"的侠义精神也深入在中华民族的血液里。直到近现代，梁启超自号"任公",便是取墨者任侠之义,自称"墨学狂",他认为墨家"轻生死,忍苦痛"的武侠精神可以救中国之衰。章太炎《检论》中认为,游离于蒿莱(顺民)和明堂(官吏)之间的人,都有为侠的可能。("任,士损己而益所为也。"……"任,为身之所恶以成人之所急。")

懂了这根线条之后,我们就比较踏实了。虽然古人没给我们留下便于普及的技术和防灾减灾的知识,但是,在我们的文化脉络里,一直有一群人,千年百年来为此孜孜不倦地努力。大禹,他并没有成为一尊神,而始终是一个伟人,活在几千年中国人的心中;墨子,也打开了人道主义的脉络,启动无差别的人与人之爱,继而不断打造自己的团队。

3.《墨子》中的团队精神

墨子自己,以自苦为极,最喜效法禹的精神,"以裘褐(粗布衣服)为衣,以跂(草鞋)为服",工作"日夜不休,以自苦为极"。但他不是一个人在战斗,跟随他的弟子超过300人。墨家的组织结构里,首领叫"巨子",弟子叫"墨者",以吃苦为乐事,短衣草鞋,闻鸡起舞,各个身怀技能,遇到弱国有难,他们立刻前往相助,有灾救灾,有难救难,坚定地站在弱者一边。

这是一支训练有素的队伍，拥有古代教育团体里最完善、最灵活的知识结构。"能谈辩者谈辩，能说书者说书，能从事者从事，然后义事成也。"（《墨子·耕柱》）墨子重视分科教学，"凡天下群百工：轮、工、鞄、陶、冶、梓、匠，使各从事其所能"。"譬若筑墙，能筑者筑，能实壤者实壤，能欣者欣。"（《墨子·耕柱》）分科教学的好处就是可以让学生专精一科或一门，掌握一些具体的技能。

墨子的学问和技能涉及农学、土木工程、光学、几何、军事防御、逻辑、管理、政治、教育等诸领域，不仅以专业技术见长，也以勇于实现社会理想为己任。在天灾人祸面前，就需要人们发挥自己的知识水平和综合素质。这些墨者要是放在现代，就是一个能文能武的智库；要是放在互联网背景下，这个集工匠、侠客、思想家于一身的团体，必定所向无敌，所谓与其坐而论道，不如行而起之。

胡适曾说："墨家论知识，注重经验，注重推论。"墨家学派是先秦诸子百家中唯一具有科学意识的学派，墨子强调自然科学知识和生产、军事科学技术知识的教育，目的在于帮助"兼士"获得"各从事其所能"的实际本领。

墨子会做木鸢（能飞一天，古代"无人机"）、桔槔（起重机械）、罂听（测听工具）、连弩之车（许多弓弩连接起来，一齐射杀敌人的工具，当时的世界之最）、转射机（运用机械力量抛投石块、蒺藜的一种守城器械）、藉车（不仅可抛投石块、蒺藜，还可投掷炭火）、行城（守城工具）、悬陴（专门攻击敌人爬城墙的工具）、荅（守城工具）。墨子为中国古代的军事防御思想和能力做了巨大贡献，据说墨子最喜欢的弟子禽滑厘的工匠技艺比墨子还高，墨子觉得人应该做自己擅长的事情，所以他更偏向思想性和教育性。

墨子还特别重视储备，他强调国家和私家都要3年储备一年的粮食，10年储备3年的粮食，30年储备10年的粮食，这是保证国家、人民抵御天灾、战祸的最低限度的储备，他把这称为"国备"，说是要能做到这一点，再大的天灾人祸也能抵御得了。（墨子在《七患》中所讲的"备"，主要指储备、准备。"国无三年之食者，国非其国也；家无三年之食者，子非其子也。"）

墨子告诫弟子、团队，以及所有追随墨家思想的人们，最重要的是要活成不被命运所左右的强者。命有三义，一是岁数，二是劫数，三是无法把握、神秘莫测、预先安排好的生存方式。墨子认为天志和天命不是一回事，天志是积极成分，可以让人顺应，而天命则是消极成分，需要避免。他研习过儒家，儒家认为："命富则富，命贫则贫；命众则众，命寡则寡；命治则治，命乱则乱；命寿则寿，命夭则夭。"而墨子却认为这是"暴人之道"，他认为，人不像鸟兽，一生下来就有毛皮庇体，又具备捕食条件，人要靠劳动才有所得，才能吃穿住行（"与其劳者获其实"）；人的贵贱贫富，都取决于各自努力程度（"不与此异者也，赖其力生，不赖其力者不生"——《非乐上》）；人应该变成强者，不能甘愿当弱者（"强必富，不强必贫，强必治，不强必乱"——《非命下》）。

同时墨子也时常告诫自己的弟子和团队，要学会舍生取义，舍己救人。墨子说："君子之道也，贫则见廉，富则见义，生则见爱，死则见哀。四行者，不可虚假，反之身者也。藏于心者，无以竭爱；动于身者，无以竭恭；出于口者，无以竭驯。"又说："有力者疾以助人，有财者勉以分人，有道者劝以教人。若此则饥者得食，寒者得衣，乱者得治。"无论古今，"士"都该是有社会责任感和关爱之心的人。墨子主张为义，在义和利发生冲突的时候，不要避毁就誉，要为团队所谋利，果断抛弃个人私利。

雪狼：团队精神

在人生气概养成之后，就应该选择每天交流思想和战略战术的一群人。笔者认为，三十四五岁时，正是慢慢学会品人、识人，并且知道什么样的人适合自己，自己适合什么样的环境的年纪。

狼是强者心态，是忠诚风骨，是无畏，是坚韧和耐性，是目标感强烈，是组织纪律性，是没有借口，是全部执行，是合作共赢，是竞争之道，也是居安思危。雪狼则让狼的形象更偏向柔和一些。

在大事面前，要培养自己的责任感和兼爱精神。要如同雪狼一样，有野性的拼搏精神，无止境地去探索、去消灭、去克服一个个出现的问题，尽全力地维护群体的生存和发展。

找到一个团队一起战斗，一起面对人生的风险，并不妨碍自己的内心清静和修行。相反，正因为有团队的存在，人生才会因碰撞而获得启发，变得更为美好。越清高、孤傲、能力越强的人，越要避免陷入孤胆英雄的悲剧里。人们通常为个人传奇著书立传，却忽视了团队的力量。人与人之间，都是相互借助与倚重的。看过诸多的分分合合，更要珍重身边的人，而不祈求他们能完全解决自己的难题。

人都要有为公的一面。从我个人求学经历而言，清华大学就特别强调公共性的奉献，强调顾全大局、协作和服务精神，它是一种学校的气场，甚至让人觉得过度关注自己内心都是有违这股氛围的。曾经至少有8年的时间，我都在努力适应这种家国情怀，似乎不做点切实的事情，就会有愧对青春、愧对家人、愧对组织的感觉，现在回忆起来，也算是一种独特的心境。团队精神，说到底，是融合、习得和牺牲，集体里没个人苦衷，也没有借口，只有一鼓作气，决不能自由散漫。

人是具有社会属性的，团队精神是促进社会不断进步的动力。就连我这么享受孤独的人，也依然觉得融入团队中，是件多么美好的事。

凤舞

凤是中华文化中用来象征祥瑞的神鸟，常与龙相对。"凤凰来仪""凤凰于飞"等在书经、诗经中尤为常见。凤多用来形容有圣德之人，也常形容文采荟萃，如"凤穴""吐凤之才"等。

凤舞九天：一为中天，二为羡天，三为从天，四为更天，五为睟天，六为廓天，七为咸天，八为沈天，九为成天。

层次感，是内心的首要构造。一个现代女人如何照顾事业、家庭还有自己，甚至是做出更多对社区、社会、国家的贡献，是个巨大的课题。

"当熊"也许太过传奇，而"凤舞"则是属于每个女人修炼的优雅。

1. 凤文化：凤舞九天

凤凰是中华文化里最独特的想象力。《尔雅》郭璞注："鸡头、蛇颈、燕颔、龟背、鱼尾、五彩色，高六尺许。"《山海经·图赞》中描写凤凰有五种像字纹路："首文曰德，翼文曰顺，背文曰义，腹文曰信，膺文曰仁。"太史令蔡衡曰："凡像凤者有五色，多赤者凤，多青者鸾，多黄者鹓雏，多紫者鸑鷟，多白者鸿鹄。"

凤凰寓意祥瑞，象征太平盛世。凤和风的甲骨文是相同的，代表无处不在，代表永恒。巧合的是，西方的不死鸟也有浴火重生的能力，类似于中国的"凤凰涅槃"。

"凤舞九天"，形容百鸟朝凤，瑞兽相依的吉祥场景，最初源于《楚辞》。《对楚王问》有："凤凰上击九千里，绝云霓，负苍天，翱翔乎杳冥之上。"《吕氏春秋》写道："天有九野，何谓九野，中央曰钧天，东方曰苍天，东北曰变天。北方曰玄天，西北曰幽天，西方曰皓天，西南曰朱天，南方曰炎天，东南曰阳天。"在道教传说中，九天是天的最高层，《太玄》曰："有九天，一为中天，二为羡天，三为从天，四为更天，五为晬天，六为廓天，七为咸天，八为沈天，九为成天"。

西方的但丁写《神曲》，也写了九重天：第一重天——月天，居住着信仰不坚定的灵魂；第二重天——水星天，居住着为追求世上荣耀而建功立业的灵魂；第三重天——金星天，居住着多情的灵魂；第四重天——日天，居住着智慧的灵魂；第五重天——火星天，居住着为信仰而战亡的灵魂；第六重天——木星天，居住着公正贤明的灵魂；第七重天——土星天，居住着隐逸默想的灵魂；第八重天——恒星天，代表基督的胜利，对玛利亚的赞美；第九重天——原动天（水晶天），代表天使的凯旋。

无论是东方的九野、九天，还是西方的九重天，都犹如一个人内心的多重层次。人都是孤独的，但孤独会滋养内心，甚至可以让人冷静地审视内心的层次，从而在现实中具有别样的气质和情怀。

《凤孤飞》是个词牌名，晏几道作词：

"一曲画楼钟动，宛转歌声缓。绮席飞尘座满，更少待、金蕉暖。细雨轻寒今夜短，依前是、粉墙别馆。端的欢期应未晚，奈归云难管。"

翎翼也写道："醉引梦中清曲，错把阑珊续。寂寞常听夜雨，四下里、无人去。酒醒窗前湖水绿，波纹起、碎了碧玉。忽见廊台铺柳絮，想词难言喻。"

《凤孤飞》这个词牌名下的词，尤为曲折宛转，传达出主人公多层次的心境，似乎也蕴藏着许多难以言喻的故事。

2. 才媛：顾若璞

彤管，指的是古代女史用以记事的杆身漆朱的笔，泛指女子文墨之事；箴管，指的是缝缀之事。古代的女子，都是"彤管"与"箴管"并陈的，比如才媛顾若璞。有些女子不必传奇于一时一地，却在时光里优雅而高效。

在《见字如面》里，归亚蕾读了顾若璞写给两个儿子的信《分家，是为了让你们了解持家、处世的不易》，顾若璞被认为是《红楼梦》里面贾母的原型。

其实，女性是传统文化复兴的最重要的角色。中国的传统文化首先是根植于家庭的，而传统文化，主要靠女人代代相传的守望。如今，大部分女人男人都一起在外打拼，守着家照顾孩子教育下一代的任务都纷纷外包。女性的解放，代表了生产力的解放，是进取的力量，同时，她们渐渐脱离了守望的角色。

如今，做一个女人着实不易。职场上拼命，生养孩子也得拼命。女强人这个称呼早就过气、女汉子成了新时代的物种。然而，大部分女汉子的内心是孤独的，也是渴望回归宁静的。女人是一家人的心灵支柱，自己没有丰富而宁静的内心世界是万万不行的。而广义的"诗书"，大抵代表内心静态的表达方式，有些挣扎的慰藉，有些无用的灵魂，有些超脱世俗之情怀。

回到顾若璞，其实她胜于如今任何一个女汉子。作为一个明末清初的女人，她15岁结婚，28岁开始守寡，自己带大两个儿子，操持夫家家业，写诗写到90岁，无疾而终。另一位才媛沈善宝，曾走南闯北结交各方才媛，最终编撰成《名媛诗话》，书中介绍的第一位女诗人，就是顾若璞。书中写道："和知早寡，侍舅孝，训子严。暮年纂黄氏宗谱，立义田，无疾终。节行文章为吾乡闺秀之冠，惜文集早经散佚。"

顾若璞出生在书香门第。她的父亲顾友白是晚明上林苑署丞，诗文俱佳。按照六神磊磊的写法，顾若璞自己一家都是文艺界（诗文、书画、词赋、考证）的原创号，其中一些还是"大V"。顾若璞的胞弟顾若群有7个子女，都能诗善文，而且他的外孙、外孙女、孙女们都是优秀的诗人。顾若璞的夫家同样也是文学世家，她的公公黄汝亨善写散文游记，还写得一手好行草，当过江西布政参议（从四品官员，相当于如今的正厅级干部）。她的丈夫黄茂梧，也写得一手好文章。黄修娟，顾若璞的小姑子，也是7岁能弹琴，8岁能作诗。如果换到如今，这简直是一个天然的自媒体矩阵。古人也是风雅，开派对都是诗酒聚会，一个家庭就可以创造一场自媒体峰会。

顾若璞15岁（及笄之年）嫁给黄茂梧。婚后几年生活还是很温馨的，一起游玩一起作诗。黄茂梧小时候随父亲黄汝亨结识了许多社会名流，长大后一心想要功名，第3次科举未中之后便生了大病，吐血了依然坚持学习，不幸英年早逝。丈夫考学时，顾若璞尽心竭力地照顾扶持。丈夫去世后，家里的生活日渐艰苦，当时大儿子黄灿8岁，小儿子黄炜6岁，公公去了江西当督学，父母兄弟都不在身边，她也曾每天惴惴不安。作为黄家的大媳妇，她要主持生产，维持家人生计，又要研读家中藏书，为教育儿子们积累知识。但这都不妨碍她的优雅心态，为了给儿子们创造一个良好的读书环境，她特地去西湖断桥边建造一只读书船。

几年后，顾若璞的父母和公公相继离世。生活重压没有把她压垮，反而使她的行动力更加强大。编宗谱、立祭田等家里该承担的与不该承担的重任，她都坚持承担下来，整整操持家业26年。等到两个孩子成家立业，她让他们分家独立。她写了《与二子析产书》（又称《示诸儿》，就是上文翻译成白话文的《分家，是为了让你们了解持家、处世的不易》）。她的孩子们后来都成为研究苏洵的专家，她的《卧月轩稿》的编撰也是两个儿子送她的60岁贺礼。

顾若璞也能从容地处理家族大事。她的公公黄汝亨曾称赞过魏忠贤祠堂的建筑，好事者添油加醋把这件事呈报给崇祯皇帝，企图干预黄家子孙荫袭官爵。顾若璞听后，便以大儿子黄灿的名义，写了一封千言书，请乡绅公开宣读。她与闺蜜谈的是河槽、屯田、马政、边备等大计（即影响国民经济和国家安全的大事）；她的儿孙辈们在她的影响下都能拈韵写诗，她的儿媳妇丁玉如能和儿子黄灿谈天下大事；晚年她被称为"黄佛儿"，对清初女性诗人社团——蕉园诗社的成立和成长关怀备至。家庭、社交、公众角色，她都有了。其实，我们现在好多人所谓的独立女性，都是牺牲家庭为代价的，而顾若璞这样的才是完整的独立女性。独立人格、独立女性，其实在晚明就有风潮了。

女人的一生要遇到的事情太多，而且过于被动，被动地接受亲人的离去、孩子的来临，古代的女人还得被动地接受一个陌生人当自己的丈夫。许多事情，都还没有准备好，就开始马不停蹄地工作与生活。如何胜任工作、教养孩子，同时又留有自己的私人空间静静心？这也是我一直在想的问题。

就顾若璞而言，读书弄文是持家教子之暇的馀事，她也能做到极致。女人生来有两个特质，一是细腻，二是韧劲。这两个特质对于应对人事变迁、沧海桑田特别有用。烦恼即菩提，人生说长不长，说短也不短，不如意之事十之八九。完成工作、教养孩子等事是对外的，读书写字等事是修炼内在的。内外兼修的道路上，女人其实最要紧的是处理情绪问题和时间规划问题。"越人安越，楚人安楚，君子安雅。"无论如何，工作一直要继续，孩子总会长大，所谓工作不仅是养家糊口，所谓育人皆为育己，换个如今最红的词，修为，都是自己的。

其实处理爱恨情仇、离愁别恨甚至是生离死别这些情绪问题，古代妇女应该比现代妇女苦闷得多，根据顾若璞的启示，可以有如下几条修炼内心的道路：

一是追求颜值和思想共生的环境和事物，并且描写表达它们。比如顾若璞描写过的春天景象："飞英缭乱点窗纱，故与残妆斗颜色。清流溅石声泠泠，煮茗披帏曳杖听。"女性天生具有婉约雅致的心思，能够细腻地捕捉环境里让人心动的东西。景色本是最宜人的一种色相。那么多人爱拍文艺的图分享朋友圈，其实也是这个道理，寄寓情感，是生而为人的需求。

二是读历史，历史能让人找到一个转换现实的出口。那些对古人、古史的想象和感慨可以让人有跨越时空的感受。盛衰、有无的感慨最容易让人超脱，也容易让人有眼界、胸怀。（比如顾若璞写过："六出奇谋美丈夫，只今尺土姓刘无。一声长啸月西坠，惊起慈乌愁鹧鸪。"出自《卧月轩稿》卷二，写的是陈平助刘邦智胜项羽。其实，诗就是对各种事物理解后的短小美好的记录。）在大历史中，家庭琐事、人际烦恼不就是小小的波澜，若有忽略之心，那便是亲证超然的。

三是具有拟古的情怀，类似于改编古代的东西为我所用。比如时下流行的网络玄幻小说，就是在这种改编里获得了巨大的生命力。

四是多跟人交流时代与天下的大事。都说生活是一种苟且，诗和远方不知道在哪里。但并不一定要物理的远方才是远方。深远之事，想去了解透彻的事都可以作为心中的"远方"。

可以与家人聊，与闺蜜聊。时代、天下，也许并不遥远。如今，爱国这个词，被某些自媒体和遇到事情只会打砸抢烧的吃瓜群众给亵渎了。爱国本该是一种从小被训练的情怀，是才情的高级形式。才情即为才华和情谊，用自己的才华去奉献国家的情谊。

五是即使身处忙碌，也要给自己留有片刻的闲适情怀。无论生活再琐碎，也要任凭自己漫想随感。清新淡雅很适合这个年代的审美，万事万物都有生机，有点儿陶柳心情（陶渊明、柳宗元），用某种闲适归隐的心情冲淡现实的淤泥之画。情怀是情感和怀抱，情感经常动荡，怀抱才有安定和温暖。

六是要有游离于世俗之外的心。古代女子都会有点佛学、道学的修养。幻想是于生活之外一种精致的弥补。幻想的高度可以转化成编剧能力。古代崇尚游仙，顾若璞当时首创将游仙引入悼亡诗，是自我开解，是将凄风苦雨变成空灵美妙的转化器，也是特殊的情感交流方式。崇尚极简主义，调和自己的思想。投入自己的小生活，不被外界所干扰。

以上6条，可以帮助我们营造出内心的层次感。至于科学规划时间，是一个受过高等教育的女子必备的能力之一，统筹事务，井井有条。

3. 才媛养成指南

现代人往往歆羡民国的才女，如冰心、林徽因、陆小曼，我独偏爱几个清代才媛。你肯定要问，为什么呢？可能因为我不那么年轻了。古一点的时光，总能渗透更长更远的静谧感。那些被历史的风尘湮没的人，很少再被人提及。民国的名媛们太闪耀，让人看不清楚。人的内心深处，大抵是宁静的，而不是澎湃的。

清代的文坛是才媛"茂盛生长"之境。才媛往往出自儒商之地，特别是经济发达的地区如徽州，才媛可考数量超过120人。有些才媛不仅能诗善画，还能教授弟子，更能结拜结社，整个家族都重文兴教。清代在女学上可谓是春暖花开时，许多美好的价值观逐一盛开。

清代的才媛是如何养成的呢？

指南一：好才媛来自"母教"。

"养不教，父之过"强调父教；"相夫教子"则是古代女性的天职。中国人讲究"慎始"而"敬终"，自古重视胎教。据说，大任怀周文王时，"目不视恶色，耳不听淫声，口不出敖言"；孟子母亲仉氏在怀孟子时，"席不正不坐，割不正不食"。（胎教可以多阅读中国古代的书。）中国古人所谓"修身、齐家、治国、平天下"，母亲的素质决定了子女的素质，子女的素质决定了家族的发展。胎教、身教、言教都很重要。所谓"男主外、女主内"，古代的爸爸们不亲自教育子女，母亲教养子女、传承文化的职责就尤为重要。

清代是女性"才""德"最矛盾的时代。对女性进行文化教育，不仅是为了提升自身修养，也是让女性承担起向子女传授知识的责任。"母教"显然不分男女，母亲们通常传授给孩子们文学观和创作手法，"寒灯课子"影响了一代又一代，因此对文学史都有一定的贡献。

清代主流女教主张：

第一：跟男子一样，女子也要识字，读《弟子规》；

第二：读《小学》《女四书》《吕氏闺范》；

第三：字只要练到能写家书就可以，不用学诗文，更不用学词赋。

清代重视母教，认为教女远比教子重要，所谓"教女之道，犹甚于男""教女尤亟"。因为有贤女才有贤母；还有女子本身受教育的时间就比较短，所以未出嫁前要给她创造尽可能多的教育机会。母亲是否善史书、通经传、晓音义、辨琴音、能诗赋、有见识，决定了子女素质的发展。尽管明面上有人反对女学，实际上大家都默默认可，低调行事。

由此可见，好才媛首先得有一个好母亲。才媛沈善宝的母亲吴浣素也是个才媛，她对女儿的激励是"尔负奇男志，吾将孝子看。"（《寄长女善宝寿光》，见《名媛诗话》卷六）下面就来讲讲沈善宝的故事。

指南二：好才媛要自强自信自主。

沈善宝的父亲在她12岁时早逝，母亲吴浣素"抚孤十余载，以养以教"。她的父亲被奸人所害死于非命，想报仇伸冤却倍感无奈。她本有二兄三弟，却都不成器，作为长女，她便承担起养家的责任。她自小文学底子好，根据《杭郡诗三辑》记载，沈善宝"日勤翰墨，不数年，求诗画者踵至"，靠她的润笔费养家。

所以才媛需要具备：

第一：自强自信的精神以及独立自主的人格；

第二：坚韧的意志以及对性别的自信。

现代女人们强调不靠男人，要比男人强。其实清代的女人早就意识到这点，并且相当好地实践了。

指南三：好才媛要有强大的女性社会关系网络。

独立并不代表孤立，一个好才媛必须有强大的家庭关系和社会关系。沈善宝的母亲、五姨、妹妹、表妹等都是出类拔萃的名媛。诗文是日常生活中交流感情的主要媒介，家族的感情和文学气息都很浓郁，即便是亲人逝世后的追悼、纪念，亦多表现为诗文的写作与编撰。而且，沈善宝还有个义母李太夫人，在母亲去世后，义母就将她"召至京寓相依，为择配遣嫁，恩礼备至，逾于所生，出嫁后常遣婢仆促之归省，盖数日不相见即思之不能释"。此外，李太夫人"诗学深得六朝神韵，感时叙事皆从性灵中来"的性灵诗学思想，也直接影响到已成年的沈善宝。

沈善宝有《鸿雪楼诗选初集》《鸿雪楼词》及《名媛诗话》传世。沈善宝一生游走南北，广结各方才媛。由此可见，好才媛，需要有强大的女性社会关系网。

指南四：好才媛需要志同道合的灵魂伴侣。

作为以婚姻家庭为毕生事业的清代女子而言，夫为天，是经济支柱、精神支柱，也是自己存身的根本，这一规则不会因为这个女子是才媛而改变。

才媛里面，幸福的人不多，但也有婚姻美满的。如方婉仪18岁嫁扬州八怪之一罗聘，终身诗书相伴；沈善宝武凌云伉俪，还兼翰墨缘。但袁枚的妹妹，才媛袁机就没这么幸运，袁枚感慨到："近日闺秀能诗者，往往嫁无佳耦，有天壤王郎之叹。"很多才媛的婚姻都是兰因絮果，令人唏嘘。

嫁于罗聘的方婉仪"不但能诗咏絮工，能画能书妍且丽"。在《学陆集跋》中，方婉仪明确说自己"闺中无事，素爱吟咏"。罗家的夫妻、子女均能诗善画，方婉仪婚后也从事绘画，被称作"罗家梅派"。夫妻比肩、诗画相偶才是她所钟意的婚姻形式，并不像马湘兰或王昭君式的孤芳自赏或长门相守，她要求的幸福婚姻是才子配才媛、互为灵魂伴侣。

方婉仪曾绘有《香闺慧业》图册：方水岸上，静立着朴雅的茅草阁楼。早梅探窗，似有暗香一缕。并由题记："小圆半亩，构一草阁于西。梅花绕屋，与君子啸咏其中。""双峰之妻"的印章，在图册里便被吟咏了三次。他们的生活可谓极尽浪漫之能事，方婉仪还采摘牵牛花做颜料，为罗聘的梅花增色。

沈善宝在《鸿雪楼诗初集》（卷五至十五）中，收录了不少与夫婿频繁互动的诗作。各种夏夜联句、月夜联句等夫妻唱和之作多达十九首。从诗文看，二人平等相待、和睦相处，而且诗句中沈善宝是主导、强势的，武凌云反而是应和、柔顺的。古代才子佳人能够互通内心，何其难得，现代人才子佳人又有多少能够白头偕老？

指南五：好才媛不需要追求完美，但要追求圆满。

古代信奉"女子无才便是德"，清代的女人们往往在出嫁后，家务琐事缠身，无意为诗，笔墨遂废的情况很多。一个才媛若想获得幸福，就要既与丈夫两情相悦、诗画相酬地生活，也要为持续这样的幸福创造一切可能的主客观条件。有时候用理性压制情感非常重要。为人女、为人妇、为人母，各种角色都不能推脱掉一个，人活着就是求一个角色之间的平衡。

方婉仪时刻以贤妻的标准要求自己。与罗聘同甘共苦，作下令罗动容的忍饥之诗："两峰亦尝记其《忍饥诗》。"即使在生命最后时刻，送罗聘远赴北京谋取前程，还作诗："病中不用君相忆，夜夜孤眠枕独倚"。罗走后 13 天，她孤独辞世。

沈善宝也自觉人生最重要的角色，是最具传统意义的母亲角色，亲情上的意义大于文学的意义，她并不经常给儿女书写私人感情之作，而是授以非常雅正的诗文。

清代的才媛养成指南，是一套永不过时的女性人生观。人生漫长，不必在乎一时长短，一时遗憾。现代女人们，大不必争强好胜，也不必追求完美精致，可以学学清代才媛，柔和地建立起自己内心丰富的层次，能持家教子，亦有诗画相伴，有自己的世界，又有融合的世界。

凤舞：层次雕刻

随着生命经验和财富的积累，人会活得越来越精致，场景和层次感，就成了心里最大的秩序。

从术语上看，层次感即图案浮雕技术，不仅要求有立体感，还要表现出图案的主次、远近、大小、前后等透视关系。在雕刻过程中，不仅要进行变形和压缩，更要符合视觉的合理性。

那么内心的层次感呢？35岁左右，前半生似乎已经过去，后半生正式开启。据说35岁之后，人好像都会重新活一次。此时个人的内心尤其需要有层次感，就像古都城一层又一层的历史，千年的古树与刚种的新树协调生长。如果内心如同一个组织管理起来，随性随意是第一层，执行命令和任务是第二层，注重一次比一次改进是第三层，机制和设计是第四层（就像一个精密仪器），自动自发系统管理是第五层……内心要具备足够的智慧、艺术、勇气。

每个人的内心世界，都是一场自我的导演，如果能自发演绎剧情，内心该多丰盈。每个人都应该具备想象力、设计能力、苦心思考的能力，如同雕刻时光的匠人。

鹤鸣

鹤鸣，出自《诗经·小雅·鹤鸣》。鹤虽居于湖泽的深处，鹤鸣却悠远清亮，声震动四野高入云霄，比喻贤士身隐。鹤鸣九皋，是中国传统吉祥图案之一。古人以鹤为天上的瑞鸟，传说骑鹤上天可与神仙相会。

如果豹隐，还是为短时间的剧变而做准备的隐居。那鹤鸣，则是一种较为长久的状态和姿态。一个是初心的养成，另一个是初心的检验和复兴。

《诗经》里有很多的动物，比如麒麟、羔羊、鹿等，也有很多的鸟和鱼，鹜、鹤、鱼等。有了这些密集的意象，似乎人的生活，就应该在自然与社会之间不停转换，而隐居显然能够获得大自然的独特力量。

1. 鹤文化：鹤鸣

《诗经·小雅·鹤鸣》有：鹤鸣于九皋，声闻于野。鱼潜在渊，或在于渚。乐彼之园，爰有树檀，其下维萚。它山之石，可以为错。鹤鸣于九皋，声闻于天。鱼在于渚，或潜在渊。乐彼之园，爰有树檀，其下维榖。它山之石，可以攻玉。

翻译成现代文：幽幽沼泽仙鹤鸣，声传四野真亮清。深深渊潭游鱼潜，有时浮到渚边停。在那园中真快乐，檀树高高有浓荫，下面灌木叶凋零。他方山上有佳石，可以用来磨玉英。幽幽沼泽仙鹤唳，鸣声响亮上云天。浅浅渚滩游鱼浮，有时潜入渊潭嬉。在那园中真快乐，檀树高高枝叶密，下面楮树矮又细。他方山上有佳石，可以用来琢玉器。

宋代朱熹认为，这是一篇劝人为善的作品；今天的人们则普遍认同现代程俊英的说法，这是一首"招隐诗"。诗中的鹤，象征隐居的贤人，鱼从渊到渚，象征隐士从隐居到出仕。

中国的鹤文化已有三千多年的历史，与道教的渊源最为深刻。相传，道教创始人张道陵学道之地就在鹤鸣山，山中还有待鹤轩、听鹤亭等建筑。传说乘鹤上天可与神仙相会，在道教著作《云笈七签》中，就有张道陵乘鹤往来的描写。

现在的社会总是去强调，要为自己的梦想而努力拼搏，要做自己想做的事情，要不顾一切追求理想，要兢兢业业，要削尖脑袋，通宵达旦地通往幸福。岂知我们忘记了中国的"中道"和国外的"均衡"。任何事情，随时随地都在变化。有时候有力量却没有运势，有优势却没有机遇，有时候是有心无力，有时候又是有力无心，太过强求或者执拗，最终都不会有持久的美好。

2. 冥想与隐居

秦朔朋友圈长期研究商业文明和企业家精神，由于天天更新内容，我们总能看到浮浮沉沉的一些故事，大红大紫的背后总有麻烦和诽谤。所以擅于取舍的哲学和精神，成了人们安身立命的基本素质。

西方的企业家流行冥想。全球最大的对冲基金桥水创始人——雷·达利欧在演讲和著作都提到过，自己已坚持冥想 40 多年，冥想是帮助自己成功的最重要因素。他的好朋友乔布斯，曾在早期苹果电脑二代系列做出了一个关键的创新——不装内置风扇，而是换上产热较少的新型电源。乔布斯要求电脑必须没有噪音，因为噪音会打扰他的冥想和禅修。而冥想和禅修，正是乔布斯锻炼自己头脑的方式。

从大学时，乔布斯就开始接触冥想和禅修了，甚至一度前往印度追寻印度教精神大师，并终身修习冥想。乔布斯也曾亲口说过："印度的冥想时光塑造了我的世界观，并最终影响了苹果的产品设计。" 乔布斯的办公室有两百多平方米，里面几乎却都是空的，只在房间中央放了打坐垫。当需要做决策时，乔布斯就会将相关的方案和设计放在垫子四周，然后闭目静坐，在禅定的状态中进行抉择。

当思绪沉淀下来时，直觉就会变得清晰和敏锐，内在智慧便能够升起。推特（Twitter）的联合创始人埃文·威廉姆斯（Evan Williams）及首席执行官（CEO）杰克·多西（Jack Dorsey）、福特家族第四代掌门比尔·福特（Bill Ford）、领英（LinkedIn）首席执行官杰夫·韦勒（Jeff Weiner）、谷歌（Google）联合创始人谢尔盖·布林（Sergey Brin）等，他们都会练习正念和冥想，可见一个人的精神状态对于工作和生活是多么重要。另一位有名的热爱冥想的硅谷大佬，同时兼任推特（Twitter）和Square两家公司的首席执行官（CEO）的杰克·多西（Jack Dorsey），每天早晨都会5点起床冥想半小时，他最喜爱的书是《道德经》。

西方人用东方智慧——这些在地理、历史上遥远的他山之石，来让心灵宁静，依靠精神训练来修炼心灵，使心灵得到净化。而东方则有传统的隐居方式，来面对自己。如果说坚持冥想是一种智慧的生活方式，而选择半隐半退，才是更曼妙的境界。

曾有报道称，中国有超过1.7万的超级富豪"隐居"二三线城市。同时，中国许多的隐形冠军企业，也从来不在媒体上热闹营销，而是闷声发大财。每个人都不能一直做一件事，尽管有人说匠人精神，就是要做最细致细微的活，但更为重要的是，人要懂得转换。马云在演讲中寄情自己，马化腾喜欢观察天文，梁建章热心学术，丁磊热爱美食以及种种美好的事物，记得他曾友好地向我推荐柳宗悦的《民艺论》一书。

成功人士就如同《诗经》中的鹤，或潜在渊，或在于渚，在世俗事物与精神净土之间自由转换，从而获得持久的创造力。

3.《诗经》中的动物

鹤作为美丽而优雅的大型涉禽，在中国传统文化中具有崇高的地位。尤其是丹顶鹤，是长寿、吉祥和高雅的象征，常与神仙联系起来，又称为"仙鹤"。鹤雌雄相随，步行规矩，情笃而不淫，具有很高的德性。古人多用翩翩然有君子之风的白鹤，比喻具有高尚品德的贤能之士，把修身洁行而有时誉的人称为"鹤鸣之士"。

《传疏》中有："诗全篇皆兴也，鹤、鱼、檀、石，皆以喻贤人。"中国文化都是靠圣贤体系传播的，每个时代总有那么一些既有精神上的圣洁光辉，又能为社会做出具体贡献的人，来传播传统文化。可见，经典著作和圣人言论何其重要。

《诗经》里也有许多动物。美好的诗句里，总是蛰伏着一些灵巧的动物，仿佛把跳跃的东西装进了人心偏好的高清照片里。在人类的日常环境里，也总有一些让人感慨的动物们，引导人类沉浸在自己的情绪。

例如：

——《小雅·白华》里描写了一位贵族妇女遭丈夫遗弃，她孤独、苦恼、悲伤、怨恨，终于病倒。那句"有鹜在梁，有鹤在林。维彼硕人，实劳我心！"意思是，有只秃鹜在鱼梁，一群白鹳停树上。想起那个漂亮人，叫我心里多忧伤。

——《国风·周南·麟之趾》整首都在描写麒麟，用中国文化里的灵兽来颂扬仁义、宽厚、善良的好公子。"麟之趾，振振公子，于嗟麟兮！麟之定，振振公姓，于嗟麟兮！麟之角，振振公族，于嗟麟兮！"意思是：麟的足啊，如同仁义的好公子；麒麟的额啊，如同宽厚的好公子；麒麟的角啊，如同善良的好公子，那可赞美的麒麟啊！麒麟处处都是高洁。

——《国风·召南·羔羊》，描写官僚们锦衣玉食，无所事事。羔羊是锦衣玉食的代表。"羔羊之皮，素丝五紽。退食自公，委蛇委蛇！羔羊之革，素丝五緎。委蛇委蛇，自公退食！羔羊之缝，素丝五总。委蛇委蛇，退食自公！"

此外有许多贵族宴会上的歌，比如《小雅·鹿鸣》《小雅·鱼丽》《小雅·南有嘉鱼》等。

——"呦呦鹿鸣，食野之苹。我有嘉宾，鼓瑟吹笙。"意思是，一群鹿儿呦呦叫，在那原野吃艾蒿。我有一批好宾客，弹琴吹笙奏乐调。

——"鱼丽于罶，鲿鲨。君子有酒，旨且多。"意思是，鱼儿落进鱼篓里，黄鲿鲨鱼装满篓。君子有酒酿得好，味道香醇又量多。

——"南有嘉鱼，烝然罩罩。君子有酒，嘉宾式燕以乐。"

意思是，南方出产鲜美鱼，鱼群游动把尾摇。君子宴会有美酒，嘉宾宴饮乐陶陶。

——《小雅·鱼藻之什》赞美周王居住镐京，生活安乐。"鱼在在藻，有颁其首。王在在镐，岂乐饮酒。"意思是，鱼在水藻把身藏，大头露在水面上。周王住在镐京城，快乐饮酒甜又香。

《诗经》里面还描写了很多鸟。看来，诗经里也出现了很多"鱼鱼雅雅"。例如：

——《小雅·鸿雁》中"鸿雁于飞，肃肃其羽。之子于征，劬劳于野。"意思是，雁儿飞去了，两翅响沙沙。那人出门去，郊外做牛马。

——《国风·秦风·黄鸟》，"黄鸟！黄鸟！无集于穀！无啄我粟！"意思是，黄雀啊黄雀！我的楮树你别上！我的小米你休想！"借黄鸟比喻剥削者。

——《大雅·凫鹥》，"凫鹥在泾，公尸来燕来宁。尔酒既清，尔肴既馨。公尸燕饮，福禄来成。"意思是，祭祀的次日，主人设宴酬谢神尸，酒菜丰美，求得福禄。野鸭鸥鸟河中央，神尸赴宴多安详。你的美酒清又醇，你的菜肴味道香。神尸赴宴来品尝，福禄大大为你降。

——《商颂·玄鸟》是宋君祭祀殷代祖先的乐歌。"契由天生，子孙昌盛。天命玄鸟，降而生商，宅殷土芒芒。"意思是，上天明令燕子降，来到人间生商王。住居殷地广茫茫。古时上帝命成汤，征服四海治四方。

——《大雅·卷阿》："凤皇于飞，刿刿其羽。"意思是凤和凰相偕而飞。比喻夫妻和好恩爱。

——《陈风·宛丘》"坎其击鼓，宛丘之下；无冬无夏，值其鹭羽。"意思是，鼓舞时用鹭羽为舞具，手执鹭羽而舞。朱鹮又称朱鹭，在传说中，朱鹭从吴王夫差的一面鼓里面飞出来的，所以有鼓精之说。朱鹮性格温顺，体态秀美典雅，行动端庄大方，被我国民间称为"吉祥之鸟"。

《诗经》里的种种动物幻化成一个个美丽的意象，翩跹在人们的心尖，陪伴着人们的喜悦与哀愁。

鹤鸣：复兴初心

人生过半，此时需要再一次隐藏自己的身心，做一次彻底的沥清。相较于"豹隐"生出的初心，"鹤鸣"则代表着历经复杂情绪后，让心重新留白的那份苦心。

所谓四十不惑。金圣叹有过这样一段话："空山穷谷之中，黄金万两。蒹葭苍茫之外，有美一人。君子动心乎？"金圣叹连写了39个动字——"动动动动动动动动动动动动动动动动动动动动动动动动动动动动动动动动动动动动动动动。"让人心动的如同闪光的暗号，是再次寻找生命意义的启迪。

搜索的入口，其实是一个概念，一个词；社交的入口，其实是一个问题，一个句子；交易的入口，其实是一个场景，一个具体对象。反观现在的互联网江湖，也是从简单的入口去解决复杂的问题，一通百通。隐居，也是复归初心的一个入口。

小隐隐于野，大隐隐于市，40岁的人已经可以游刃有余了。无论身处庙堂还是居于江湖，内心追求的就是中道和均衡。如果人没有进化和变动，即便原来是对的东西、好的东西、应该的东西、特色的东西，都会变质。在变动中坚持中道和均衡，那些美好、友善、正义、规律和道德，才能变成自己的力量。

大部分的人，包括我自己，去审视过去，只有片刻的宁静和美好，大部分都是混乱无章的。但是人生漫长，随时可以复兴曾经那个单纯优雅的自己。除了在日常的工作里，去日复一日地修行，也要知道自己的擅长之处，去坚持一件事。坚持30年后，再回过头来看，虽然曾经的自己并不知道自己会去往哪里，会坚持走多久，但是所有的时光都没有白费。

卷
四

獬 蝉 蛇 四 乌
豸 嫣 解 猴 龙

乌龙

乌龙，在古代是狗的代称，并不是现代常用的"乌龙球"的含义。

晋陶潜《搜神记》有载："晋时会稽张然养狗名乌龙，有奴与张然之妻私通，欲杀张然，乌龙伤奴以救主。"乌龙，即忠心耿耿的狗。

日常最需要的是安全感，和陪伴人心的忠诚。对自己和别人都忠诚，又有来自他人的忠诚，是最有安全感的。

1. 乌龙

乌龙在古代意为"忠心耿耿的狗",典故出自晋代陶渊明的《搜神后记》卷九。传说晋代会稽有个叫张然的人,养了一只狗,取名叫作"乌龙"。家里的奴仆与张然之妻私通,还起了杀张然的歹心,乌龙咬伤奴仆救了主人。后人从此便以"乌龙"作为狗的代称。

至于乌龙为什么会变成现在大家所熟知的含义,就要追溯到二十世纪六七十年代。香港记者报道球赛时,曾用"乌龙"来翻译"own goal"。什么是"own goal"?中文解释是"自进本方球门的球"。"own goal"与粤语的"乌龙"一词发音相近,而粤语"乌龙"有"搞错、乌里巴涂"的意思,所以"乌龙"一词就流行开了。

　　乌龙在古代诗词中也十分常见。比如唐代居易的《和梦游春诗一百韵》："乌龙卧不惊，青鸟飞相逐。"唐代韩偓的《夏日》："相风不动乌龙睡，时有娇莺自唤名。"唐代李商隐的《题二首后重有戏赠任秀才》："适知小阁还斜照，羡杀乌龙卧锦茵。"宋代柳永的《玉楼春》："乌龙未睡定惊猜，鹦鹉能言防漏泄。"元代王冕的《龊龊》："看人骑白马，唤狗作乌龙。"等。"乌龙"一词比"狗"显得文质彬彬，常被用在被提炼和塑造过的世界里。

　　比较奇怪的是，在中文语境中，狗似乎总与"男女的感情"有诸多的联系。比如"白云苍狗"这个典故，说的是唐朝书生王季友的妻子柳氏不堪家境贫寒，抛弃了丈夫而去，外界不明真相，纷纷指责王季友。杜甫为王季友鸣不平，作《可叹》诗一首，感叹世事变化莫测。诗中写道："天上浮云似白衣，斯须改变如苍狗。古往今来共一时，人生万事无不有。"后"白衣苍狗"又成为"白云苍狗"，指浮云像白衣裳，顷刻又变得像灰色的狗，比喻世事变幻无常。

　　此外，据《太平广记》记载，唐初道士韦善俊（药王）的一条狗名叫"乌龙"，后来韦善俊即将升天成仙，他的黑狗也化成黑龙，韦善俊便乘黑龙而去。现在湖南省邵阳市邵东县双凤乡贺家岭还有一座黑狗山，相传即是黑狗的出生之地。

　　《尔雅》作为儒家经典之一，是古代最早的词典，被称为"辞书之祖"。其中有一条解释："尨，狗也。""尨"字，古代同"龙"。（注：尔即迩、近，雅即正、此处专指雅言，尔雅即在语音、词汇和语法等方面都合乎规范的标准语。）

乌龙，实际上可以指 3 种动物，即龙、狗、马。此外，它也是一个地名，即浙江省建德县的乌龙山；它还是一种类型的茶名，即乌龙茶。

乌龙茶的来源，据说是这样的：南岩山麓，有一位退隐的将军叫"乌龙"，因他上山采茶追猎时，无意间发明了摇青工艺及发酵工艺，做出的茶香气更足，味更甘醇，乡亲们纷纷来向他学习。之后，用此工艺做的茶便叫作"乌龙茶"。

"乌龙"，本是忠犬的名字，却被媒体同仁硬生生地转变了一个概念。写这篇文章，也是希望唤醒这个美好的典故。

2. 奇妙、依然、金刚

我曾在上海世纪公园夜间散步时，遇到了一只类似博美的小白狗，彼时它好像已经流浪数月，毛色已经偏黑。它一路跟随了我 5 公里，很胆小，一直在打量着我的反应。最后我进小区上楼前，它在楼下缩成一团，楚楚可怜。

家人去给它买了鸡腿、火腿肠，它吃的时候也是小心翼翼的。后来，它只肯让我抱上楼，我戴着手套都能感觉到它全身都在发抖，但也不挣扎，给它洗澡的时候它很乖，后来它在阳台上待了一夜，一声都没叫。那段时间，我经常失眠，敏感得能听到夜间极其细微的声音，感谢它如此安静。

它开始和我们一起生活，依然喜欢跟着我们散步运动，喜欢跟在我们后面走 S 型路线，我们给它取名叫"奇妙"。第一次带它上车旅行时，还会瑟瑟发抖，口水乱飞，后来常常自己跳上车，满心欢喜。

它身上有个记号，是原来的主人给系上的小辫子，隐藏在脖子深处。它是一条非常有灵性的狗，能感知主人的情绪。这一晃，已是四五年前的事情了。

世纪公园附近总是有各种各样的宠物狗，也依然有许多流浪狗。在咸塘浜桥桥下就住着一对狗狗夫妻。那年 7 月份，母狗腿瘸了，还怀着孕，在桥上动也不能动。在运动散步的时候，我遇到了它，手上有刚从面包店买的吐司，喂给它也不吃，在微博上求助动物保护组织，也打了电话寻求朋友帮助。隐隐发现，旁边有只一直关注着母狗的乌黑色的公狗，感觉会一直守护它的。

再见到它们一家的时候，是 2018 年年初，两只小狗已经长大，母狗的腿也已经康复，那只乌黑的公狗一直是最沉稳的。

路旁总是有人给它们喂食。这对"狗夫妻"真的是江湖侠侣，相濡以沫。

因为偶然的机会，跟着为佛门提供技术支持的朋友去了静安寺开项目会。刚进会议室时，脚边就挤过来一只白色的卷毛狗，寺里的人唤它作"依然"，旁边还有一只是黑色的卷毛，叫"金刚"。它们都是师傅们行脚时从湖北收养的。

"依然"和"金刚"在寺里从不叫嚷，很有灵性。我和一个年轻僧人昌喆聊得颇为投缘，他很善良友好，说寺里的人都称"依然"和"金刚"是伙伴。他还给我们讲行脚的时候，高僧们都是有气场的，因为懂得探路和忠诚的牺牲，可以带领众人一起翻越连当地人都不能翻过的高山。

3.《心经》

2018 年戊戌狗年，世事也足够变幻无常。越处于不确定的年代，心中更要有坚定和笃信的东西，所谓勇毅而笃信才是中国梦的本质。互联网商业世界，诱惑太多太密，总是太容易来到人们面前。《心经》里最重要的话可能并不是"空即是色，色即是空"，而是"远离颠倒梦想，究竟涅槃"。我们现代人的内心有太多本末倒置的东西了。

　　所谓诱惑，无非就是上天跟你开了个玩笑，而你却当真了。这个资源不平衡的世界，只要有人敢于"牺牲"自己，总能换取想要的东西。一些人，总能为另一些人提供便利和机会。不可否认，个人的牺牲确实能够改变另一些人暂时的命运，所以有人愿意尝试利益交换，也总有人愿意冒险一搏。门槛和护城河，有时候只是君子协定。

　　所以我更愿意相信，那些偏于永恒的价值，比如忠诚。人与人之间那种平等的忠诚，将心比心的忠诚，还有对事业和技术的忠诚。所以在此呼唤，"乌龙"原意的回归。

乌龙：忠诚守护

在鹤鸣之后，人似乎活着活着会愈发寡淡，但还好仍有那么一两个人对你忠诚，你也对别人忠诚，这就足够了。

40 岁至 45 岁，人生最珍贵的莫过于，还有知己守护。独行在茫茫的世间，有时候驱赶孤独的方式，就是知道有一个地方，有一个人，永远会在那里等着你。这种忠诚的意义，是无价的。它促使内心稳定，且充满希望。忠诚来源于一种很深厚的缘分，这种缘分让人毕生难忘。内心的欢喜雀跃、小鹿乱撞，都不如内心的忠诚可期。

失眠、抑郁、失落，是现代人最基本的负面状态。安全感是脱离这些负面情绪的良药，而忠诚是安全感最重要的成分。

越处于不确定的年代，心中越要有坚定和笃信的东西。现代管理学认为员工对企业的忠诚，才是管理的最高境界。对人的一生而言，对自己的意愿忠诚，也无愧于别人，也是达到了至高的境界。

四猴

　　四猴，源自古典名著小说《西游记》。说的是天下无敌的混世四猴，四猴分别为灵明石猴、赤尻马猴、通臂猿猴和六耳猕猴，各有各的本领与神通。

　　古人用猴子代表心智和活力，桃源代表清静世界。世事变幻多样，内心动静皆宜，热闹与冷静共存。

1. 猴文化：四猴

　　"猴"与"侯"谐音，在中国传统文化中，象征吉祥。一只猴子爬到枫树上挂印，就是"封侯挂印"；一只猴子骑到马背上，就是"马上封侯"；两只猴子坐在一棵松树上，或一只猴子骑在另一只猴的背上，就是"辈辈封侯"。

　　古典名著小说《西游记》将中国的猴文化提升到了国民精神的高度。混世四猴源于《西游记》中，"四猴"分别为灵明石猴、赤尻马猴、通臂猿猴和六耳猕猴，各有各的本领与神通。

　　有一种说法，"四猴"原来是一个合体，由于它天下无敌，觉得自己太寂寞太无聊了，就把自己分成了四份（四类）。第一是灵明石猴，通变化，识天时，知地利，移星换斗；第二是赤尻马猴，晓阴阳，会人事，善出入，避死延生；第三是通臂猿猴，拿日月，缩千山，辨休咎，乾坤摩弄；第四是六耳猕猴，善聆音，能察理，知前后，万物皆明。此四猴者，不入十类（天仙、地仙、神仙、人仙、鬼仙、赢虫、毛虫、羽虫、麟虫、昆虫）之中，不达两间之名。后来，最后一只六耳猕猴被孙悟空一棒打死之后，四猴就再也无法合体了。

这个故事的演绎，有点空灵，又很悲情。面对无聊和寂寞，跟面对孤独和痛苦还不太一样。混世四猴尚能分身为四，孙悟空会七十二变，而我们呢？

2. 独处的智慧

要是有一天，连成功和失败都变得寂寞无聊，我们该如何存在？

隐士似乎是世界上最寂寞的一群人。

著名汉学家、禅修隐士比尔·波特在《空谷幽兰》的序言里写道："有时候，我愿意躺在树下凝视着树枝，树枝之上的云彩，以及云彩之上的天空；注视着在天空、云彩和树枝间穿越飞翔的小鸟；看着树叶从树上飘落，落到我身边的草地上。我知道我们都是这个斑驳舞蹈的一部分。而有趣的是，只有当我们独处时，我们才会更清楚地意识到，我们与万物同在。"

　　黄帝从两个隐士那里，学会了战胜敌人和延年益寿的秘诀，于是他在位时间达到了一百年之久，大约从公元前 2700 年到公元前 2600 年。尧在位的时候是公元前 2200 年，接近了一个叫舜的隐士之后，就把王位禅让给了他。离舜隐居的地方不远，商末孤竹君的两个儿子伯夷和叔齐在首阳山隐居，最后停吃周粟，靠喝鹿奶和吃薇菜维持生存，最后断食而死。

　　隐士总是最有智慧和道德的人，既要对抗痛苦和无聊，又要体现自己的意志，形成思想，或者把自己活成了一个行为艺术。人需要考验自己几十年，也需要接受别人考验数十年。

　　中国文化中存在着许多隐喻，外国人很难理解，没有机缘也不会去了解。人与人之间，人与事物之间的相互连接与情感联系，既奇妙，又无法刻意去达成。

　　在一个朋友举办的活动中，笔者有幸见到了比尔·波特。他说最开始自己对中国文化，甚至对中文没有丝毫的兴趣。因为申请攻读哥伦比亚博士学位时，有一项要求，如果有一种外语基础以及希望继续深入学习的意愿，就可以去申请奖学金。碰巧那时他正在读一本关于禅的书，索性就勾选了中文。后来他发现中文很难学，中文老师又非常凶，虽然获得了奖学金，可最后一个班级没剩几个学生，他还差点被老师赶出班级。

　　再后来，机缘巧合之下，他遇到了一个来自五台山的修行者，于是自己就跟着禅修，同时学习中文。之后他去到中国台湾的一所寺庙里修行，尽管不明白为什么早上四点就要起来做功课，不过因为修行的决心，他做到了。虽然他的书在国外并不很受重视，因为没有多少人真正愿意研究中国文化，也不了解中国，但他很高兴中国人自己热爱中国文化。文化传播本身可能是一种妄想，总是在确定无疑地进行一种选择和审判。

最好的表达都是没有语言的地方。山上的隐者，他们就像溪水一样，从山上流下来滋润山下的人。尽管他们的物质基础很差，但他们的微笑是如此真实而美好。隐士最好的诗，并不是陶渊明笔下的诗，而是陶渊明心中的诗歌，而苏东坡是学习陶渊明失败的案例，他只有在黄州的时候，才真正快乐。

寻找一种隐士情结，或许并不能像归属和信仰那么深刻，却可以令自己的灵魂轻快，又不损害和妨碍别人一分一毫，反而提供了人类调节身心的一种可能性。

3. 韬光养晦

猴子代表心智，也代表活力；猴子生活的桃花源则代表清净世界。这两种动静皆宜、热闹与冷静共存的事物，似乎一直在启示我们一些道理。无聊，也许只是生活在此时此刻，没有想到彼时彼刻。

尤金·奥尼尔说："我们生而破碎，用活着来修修补补。"如同混世四猴一样，人原来本是完整的，后来反而成了破碎的。也许四猴更接近我们现代人的愿望，可以分身去做许多事情，却忽视了原来的自己，才是完整的、全心全意的自己。人们常常感到分身乏术，面对现实时常感到无力，但又不知道，其实许多东西可以向内心寻找力量。正如玛丽亚·凯莉所演唱的《Hero》，歌词里写道：So when you feel like hope is gone, look inside you and be strong, and you'll finally see the truth, that a hero lies in you.（所以当你感到希望似乎破灭，审视自己，保持坚强，最终你将明白，英雄气魄就在你身上。）

很多时候，因为低落且无聊所做的决定，最后都会付出巨大的代价，如同混世四猴分身后，却再也无法回归到那个原初的自己。所以在寂寞无聊的时刻，宁可去休息，养精蓄锐，韬光养晦，也不要去任意妄为。在没有机遇降临的人生低谷期，宁可多等待，也不要在乎别人的眼光，去片面追逐一时半刻的成绩。

四猴：危机管理

身在人世间，即便如四猴一样本领通天、内心坦荡，人在生活和社会中，依然会有是是非非纠缠在其中，不仅有危险的因素，也会时常遭遇枯燥与无聊的状态。纵使四猴分身、内心七十二变，都逃不过自己最初的命运。

当我们身处危险而无法逃脱的时候，就应该无畏地去战斗；当我们的人生因为年轻不再，逐渐显露出枯燥和无聊的时候，就应该闭目养神，不要做出任何冲动的决定。45岁左右，正值内心最为动荡的时期，仿佛人世间所有的色彩都即将褪去，自己却又无力无奈。所以中年危机、中产坠落危机，才会成为两个永久的话题。

随着钱财的积累，诱惑也会越来越多，失落也会越来越多。此时的职业生涯似乎达到了最好，也到了最坏的时候，盛极而衰的恐慌，不亚于年轻人挤破脑袋却没有机会的迷茫。

似乎内心最安静的时候来了，最喧闹的时候也来了。动静的势力在内心斗争，痛苦和无聊达到人生可以承受的最大程度。人们急需相互交流来疏解恐慌，需要抒发内心的希望与愤懑来重归宁静。此时的内心适合向外看，反反复复的人生，不过是数个回合的博弈，胜负也不过是兵家常事，那个在人世间斗争了几万次的自己，面对此刻的危机，就要不怕事，不惹事，养精蓄锐。

蛇解

蝉蜕蛇解是一个成语，比喻解脱而进入更高境界。西汉·刘安《淮南子·精神训》有："若此人者，抱素守精，蝉蜕蛇解，游于太清，轻举独往。"

就内心而言，解脱自己的身体、样貌，完全进入精神的自由，似乎是中国古人的塑造习惯。比如曾国藩每日必做日课册，就是如同蝉蜕蛇解般每日更新自己。

1. 蛇文化：蛇解

相传中国人起源于女娲与伏羲的结合，而女娲正是人首蛇躯的形象。另据史书记载，圣王夏禹姓姒，姒即巳，巳是蛇的意思，蛇也被中国人视为"小龙"。同龙图腾一样，蛇图腾也是中华民族的图腾之一。人们还把蛇与龟的图腾相结合，象征四大神兽之一的玄武，寓意吉祥。

在西方文化中，由于蛇在伊甸园里，引诱夏娃偷吃了禁果，所以通常被视为邪恶的形象。而在东方的神话传说中，蛇有时却被赋予了美好的形象、善良的性格，比如家喻户晓的《白蛇传》。

不过，像虎头蛇尾、牛鬼蛇神、龙蛇混杂、一蛇吞象、佛口蛇心、蛇蝎为心、蛇行鼠步、画蛇添足、杯弓蛇影等关于蛇的成语都是贬义词，只有寥寥数个词是褒义的，比如笔走龙蛇，形容的是草书的挥洒自如，而"蝉蜕蛇解"，则比喻进入更高的境界。

近代的曾国藩曾被人比作"蟒蛇"，他每日必做"日课册"，即每日在册子上记录当日的言行并反思，以鞭策自己。每日与自己的内心对话，像蛇解一样，每天都是新生的自己，和日臻成熟的思想。

2. "蟒蛇"：曾国藩

相传，曾国藩有严重的皮肤病——银屑病，即牛皮癣，浑身布满结有银白色鳞屑的红色斑块，顺手一抓就掉下很多银屑，状似蟒皮。曾国藩睡过的床上，每天都会留下大量的银屑，于是就有人将他比喻成"蟒蛇"。

在31岁时，曾国藩给自己定了个"日课册"——《过隙影》。"日课"就是天天在上面做记录："每日一念一事，皆写之于册，以便触目克治。""凡日间过恶，身过、心过、口过，皆记出，终身不间断。"他对修炼自己是十分严苛的，要求自己写字都要写正楷。曾国藩的修炼即每天与自己对话，反思自己的丑念丑事，不仅要写出来，而且还要及时改正。所谓自我批评才是真正的刺刀见红。

"修身齐家治国平天下""立德立言立功"这些几乎已经

公式化的中国式古代男人的终极修炼目标，背后无一不需要对自己狠一点。而反观中国式的现代男人，似乎对自己要求都不够狠了。在这个拼命讲女性解放同时也是男性自由的年代，我第一个想到的对自己狠的男人就是曾国藩。我不迷信他勤政为官的样子，就像我不迷恋胡雪岩运筹经商的样子，只是觉得曾国藩是一个遗世独立的男人。

3. 忍辱、负重、去欲

一个男人应该怎么样对自己严格要求？必须有三个特质。

其一是忍辱。

曾国藩，以前被"妖魔化"（卖国贼），现在却被"圣人化"（千古第一完人），但我最佩服的还是他的忍功。他有一帆风顺的时候，十年七迁，连跃十级；也受过一般人没有受过的"辱"，忍辱之后，他就不再是一般的人。所以"忍辱"是放在第一位的，是男人对自己"狠"最突出的表现。

男人在世，哪有不受辱的。忍辱就是要"好汉打脱牙和血吞"，这句话正是出自曾国藩。他受过的奇耻大辱包括：

第一件，5次考秀才不中，第6次被学台公开悬牌（发公告）

说他"文理太浅"，这对他来说无疑是当头棒喝式的羞辱。而他怎么对待的？他居然开悟了，第七次就中了秀才，而且后面的举人、进士、翰林都很顺利。

第二件，被满朝官员嘲笑，因为他上书给咸丰皇帝的"日讲"讲堂布置图表实在难看，京城官员见到他都"目笑存之"。他是怎么对待的？他明确自己的立场，看不惯官场"以畏葸为惧，以柔靡为恭"（出自给新任咸丰皇帝的《应诏陈言疏》）的丑恶，并坚持与官僚体系作斗争。想清楚了为什么被嘲笑，也就不把别人怎么说放在心上了。

第三件，其实是接着上一件继续发展的，他开始直接批评皇帝，上了《敬呈圣德三端预防流弊疏》，成为大清王朝一百多年间最简单粗暴批评皇帝的奏折。奏折中直言皇帝小事精明大事糊涂，徒尚文饰不求实际，刚愎自用出尔反尔……此外，他还让本来能享受从宽处罚的琦善、赛尚阿等"大名大位者"被革职，打破了"官官相护"的潜规则，咸丰二年他成为京师人人唾骂的人物。他是如何对待的？别人骂就由他们骂去，而他却借机退引归山，打算借出差江西的机会不再回京城了。不料在途中接到母亲去世的讣闻，曾国藩便回湖南奔丧，守制三年。

第四件，他差点被长沙闹事的绿营兵杀伤，被满城侮辱讥笑，蒙受终生之耻。他打脱牙和血吞，卷起铺盖去僻静的衡阳练湘军。

咸丰二年底，即他回到湖南半年之后，太平军已挥师北上，咸丰诏命曾国藩兴办"团练"，实际上咸丰任命了10个省43名退休或者丁忧在家的官员为团练大臣，他就是其中一个。别人都是挂个牌子捐些钱敷衍了事，只有曾国藩真正想挽救局面。他还要改变官场风气，用自己至刚至猛的风格，对官场"痛惩而廓清之"。他决定"赤地立新"，自己动手练出一支队伍——湘勇。原来的绿营兵看不惯，种种闹事，湖南官场的人也官官相护，与他气味不投，湖南提督鲍起豹闹事设套，还让绿营兵包围了曾公馆，甚至还伤了曾国藩的随从，连曾自己都差点挨刀以致夺门而逃。虽然一墙之隔，但湖南巡抚骆秉章在曾国藩敲门求救时却装聋作哑，让绿营兵赚足面子后，才出面调停，一句安慰曾国藩的话都没有说。

曾国藩所到之处，也是满城都有辱言，失眠痛苦了几天之后，他决定卷起铺盖，带着他的湘勇们，离开长沙，去僻静的衡阳练兵。他要在没有军饷、孤立无援的情况下，练出一支数量多且战斗力强大的军队来。后来他历经千难万苦果真做到了，一年后，他练就了一支一17000人的强大队伍。与太平军的湘潭之战，他用不足万人十战十捷，歼灭太平军万余人。

第五件，同样的屈辱发生在曾国藩支援江西的时候。皇帝给曾国藩的只是虚位，一个官场异类想要突破各个地方势力，难度可想而知，江西巡抚陈启迈不仅不肯供饷，而且因为曾国藩自己筹饷侵犯了他的财政权而率领通省官员与曾国藩为敌。曾国藩只有上奏参劾，陈启迈虽被革职，然而接替者新任巡抚文俊也是如此，处处给曾国藩下绊子设障碍。"为江西所唾骂"的难堪经历，使得他无时无刻不在想着挣脱困境。此时，他的父亲去世，曾国藩借机回到湖南老家，并且上书皇帝陈述自己的委屈和苦难。皇帝想要的结果是，曾国藩为他卖命，而功劳都归满族将军。而此时太平天国内讧，咸丰皇帝觉得可以不利用曾国藩了，就批准他守孝三年，解除了他的兵权。让曾国藩生气的是，明明这是太平军由盛转衰、千载难逢的良机，却被当权者错过了。他尽忠职守，当世人却都不敬重他，反而唾骂他。但他依然尽自己的忠，仿佛从没有受过屈辱一样。

其二是负重。

这个时代，大家都要求轻松一点面对彼此，但中国古代男人的内心并不想要轻松自在。他们想要承担很多责任，家的、国的，都主动去承担。生命中不可承受之重，都试图去承受。

负重是真正地负重，忘我地负重。曾国藩早年就发誓说"凡办公事，须誓如己事。将来为国为民，亦宜处处视如一身一家之图"。上面提到的他受辱的经历，实际上大部分都跟他强烈的责任感有关。他不断上奏谏劝咸丰皇帝，在中央和地方官员体系里不断敲击，非要自己建立起一个强大的军队。他的父亲每次来家书，都教他"尽忠图报，不必系念家事"，他自己则说，"余敬体吾父之教训，是以公而忘私，国尔忘家。""一心以国事为主，一切升官得差之念，毫不挂于意中。"太平军起义时候，他甚至将身家性命真正地置之度外。

湘军刚创办时，曾国藩定下的方针是："将之以忠义之气为主，而辅之以训练之勤"。他认为军队最重要的就是良心和灵魂，为中国军事史注入了"政治教育"这一不可或缺的练兵要素，每逢每月3日、8日，他都要亲自训话。湘军都是有血性的湖南汉子，他们性格强悍、体格强壮、不怕死、对自己狠。

这里还有一个疑问，曾国藩原来在京城时，连兵器都没有摸过，为什么到了湖南就有这么大的自信操练起一支军队？就是因为他能负重而行，对自己狠透了，甚至豁出去了。

除了对于国家的忠诚之重，他对家庭也从来不放弃责任。他的家书影响了家族多少代？文章伊始，我们提到他每日写作，必须要让自己思想的正面部分流传给他的家人们。咸丰六年，与太平军的战局发生扭转，曾国藩带着两个弟弟上战场，都是异常凶猛。这个时候他还写了封家书给两个孩子："凡人多望子孙为大官，余不愿（尔等）为大官，但愿（尔等）为读书明理之君子。勤俭自持，习劳习苦，可以处乐，可以处约，此君子也。余服官20年，不敢稍染官宦气习，饮食起居，尚守寒素家风，极俭也可，略丰也可，太丰则吾不敢。"曾国藩家训有四条遗嘱：一是慎独则心里平静；二是主敬则身体强健；三是追求仁爱则人高兴；四是参加劳动则鬼神也敬重。

因为对自己狠，所以一直勤俭、一直忠诚、一直为家为国忘我地负重。现在的男人都会感慨养家累、心里苦、压力大、事情多，其实是太缺乏"负重"精神了。男人都应该"身勤、眼勤、手勤、口勤、心勤"地去"负重"。

其三是去欲。

曾国藩所在的湖湘地区，理学传统深厚。宋明理学强调"存天理，去人欲"。到了晚清，理学已经衰落，但信者还是大有人在，曾国藩受理学家唐鉴的教育，致力于程朱理学的研习。唐鉴强调"文章之学非精于义理不能至，经济之学即在义理之中"，曾国藩后来走的就是理学经世路线。他秉承理学的实学精神，坚持"崇实黜虚"的价值观念。唐鉴还主张"以理制欲"——"欲犹火也，理犹水也，以理制欲，犹以水熄火。"

晚清也是个欲望横流的时代。曾国藩虽然对人欲有所肯定，认为嗜欲是天性，但"利有限，害无穷"。人欲如果不加以节制，难免会演化成"亡等之欲"，应该按照"意欲循多欲，寡欲，无欲"

的路径来遏制自己。

曾国藩有两个版本的"三戒",第一个是"戒多言、戒忿怒、戒怍求"。多言、忿怒好理解,他本身就是一个对官场深恶痛绝的多言"愤青",他时刻反省自己,写下自己言行举止的不当之处。"怍求"就是嫉害贪求,曾国藩一生奉行"为政以耐烦为第一要义",主张凡事要勤俭廉劳。

还有一个版本是"戒烟、戒妄语、戒房闼不敬"以"澄清天下之志"。对于女色,年轻时候他也犯过一个错误,他给两个妓女写过挽联(大姑、春燕),也经常记日记反省自己看到朋友汤鹏家的小妾而心生羡慕。他戒色一共戒了4年,日记中经常起誓,不断骂自己,痛恨自己恶习难改。在他决心把湘勇练成一支军容整肃的曾家军时,他就不近女色,连正妻欧阳氏劝他纳妾,他都一概拒绝。对于女色这一男人常犯的错误,曾国藩都"截断根缘,誓与血战一番",对自己足够狠。人都是固执的,要与自己的本性和习惯做斗争,过程异常艰辛,且时时刻刻都要认识并修正,这是个战胜自我的过程。

现代男人们可能会问,为什么一定要对自己狠?曾国藩说过"人生有穷达,知命而无忧",意思是对自己狠一点,就会得到无忧的境界,此生就会少点忧虑。既然人生本身就是一场苦旅,为何不如蝉蜕蛇解般,去苦出一种境界来呢?

蛇解：境界运转

在危机管理之后，人们需要在特定时刻，进行一次彻底的解脱，如同蝉蜕蛇解般，从而运转进更高的人生境界。在古代，五十岁是知天命的年纪。知天命并不意味着不听天由命、无所作为，而是谋事在人，成事在天，去努力地作为但不企求结果。

人生修炼，不问结果，其实儒家原本也很"佛系"。现代的管理都在追求绩效，天下熙熙攘攘，利来利往。在知天命的年纪，人自然地会想到去提升和运转自己的境界。当子女慢慢长大成人，当自己已被生活锤炼了千百遍，这个时候说解脱，去自如地转换心境，似乎才真正具备了火候。

每天要坚持与自己对话，反思自己的思想行为，不仅要写出来，更要及时地去改正。对自己狠一点，再狠一点，就是忍辱、负重、去欲。实时更新自己，蝉蜕蛇解，才能创造出新的历史。人的境界运转，就是从解脱中得来的。

蝉嫣

"蝉嫣"出自《汉书·扬雄传上》："有周氏之蝉嫣兮，或鼻祖于汾隅。"蝉嫣，即为连续不断的意思。同样，"鼻祖"也出自于此，即最早的祖先、创始的祖师。

《史记·屈原》曾记载道："蝉蜕于浊秽，以浮游尘埃之外，不获世之滋垢，然泥而不滓者也。"蝉的文化，其实与玉文化捆绑在一起。人们希望死后能像蝉一样死而复生，认为他们共同都有五德，即文、清、廉、俭、信。

1. 蝉文化：蝉嫣

在古代人的眼里，蝉是一种神圣的灵物，吸风饮露，纯洁清高。蝉的羽化被用来比喻重生；蝉的配饰被视为圣洁的象征。蝉一生的大部分时间（几年甚至十几年）都会在泥土中度过，等到蜕变成蝉时却在枝头上，只喝树汁和露水，像莲花一样出淤泥而不染。

蝉，又名知了，寓意聪慧；还代表第一的意思，如蝉联。蝉的鸣声响亮干脆，也有一鸣惊人之意。蝉是周而复始，延绵不断的生物，寓意子孙万代、生生不息。如同人类不断建立起自己的知识体系，影响后代。蝉嫣，为连续之意，喻示着人类连续不断地学习，文化连续不断地传承。

最近，西方的"心流"概念在中国也颇为流行。心流（英语：

Mental flow）在心理学中，是指一个人在专注进行某项行为时，所表现的心理状态。如艺术家在创作时，就具有这种心理状态，通常不愿被打扰，即抗拒中断。心流同时也会带来高度的兴奋及充实感。齐克森米哈里认为，使心流发生的活动有多样性。

这个古老的词语，和这个新兴的概念，对于我们现代人的学习具有重要的启示。在这个篇章里，就来谈谈内心如何适应连续不断的学习。

2. 王贞仪

这里先来介绍一个在古代才媛之外，独具现代气质的女人。

王贞仪，字德卿，清代上元人（今江苏南京），生于1768年，仅仅活了29岁，却集科学家、文学家、数学家、医学家……好多"斜杠"在身，是清代"女三杰"之首（王贞仪、葛宜、沈绮均为精通算学的才女），是古代少有的文理相通的"知识女神"。前文所讲述的清代才媛，主要是指有女学以及诗词等文学天赋的才女，但这样却不足以成为"知识女神"，只有王贞仪才配得上这个称号。

王贞仪的祖父——王者辅，做过知府，精通历算；她的父亲虽然屡试不第，但精通医学，到了她这一代，家里藏书竟有

75橱。所以王贞仪不仅诗画俱佳，而且习天文、懂气象、精数学，著有哲学、文学、天文、数学等著作共56卷，其中最为著名的便是《德风亭初集》。可见，幼时的读书功夫和涉猎的类型真得十分重要。

王贞仪8岁开始随着祖母董氏学诗，16岁跟着父亲行医而历游北京、陕北、湖北、广东、安徽等地。她作《题女中丈夫图》一诗："忆昔历游山海区，三江五岳快攀途。足行万里书万卷，尝拟雄心胜丈夫。西出临潼东黑水，策马驱车幼年喜。亦曾习射复习骑，羞调粉黛逐骑靡。"

一个女子，独自静坐在晴朗的夜空下，全神贯注地观察星辰的变化。天文历法一直被官府垄断，私学被视为异端，她却内心喜欢，就这样坚持数年"夜里观天星"，达到"言晴雨丰皆奇验"。她看到蚂蚁爬高地，就预言会有涝灾。她也写过《月食解》，在张衡研究成果的基础上，丰富了月食和望月的理论。

更厉害的是，她提出了"相对空间的位置"，认为地球处在周围都是"天"的空间之中，对于整个宇宙空间来说，根本没有上、下、正、倒之分。如果是在今天，王贞仪就和郝景芳一样，也是天体物理研究者了，说不定她还会写出许多想象力极为丰富的科幻小说。

除了天文学之外，她也喜欢数学，尽管数学在那个时代是不受重视的，士大夫想要找到相互研习的人都很难。但是凭着"人生学何穷，当知寸阴宝"的精神，王贞仪自己在家摸索，无论任何的艰苦条件，她都没有放弃学习。在跟姐妹的通信中，她们都在讨论三角几何题。

她的诗歌《蚕妇词》《题捣练图》《富春道时值荒旱感成一律》等都反映出劳动妇女的艰辛，官府和地主阶级荒年不顾人民死活的情形。《德风亭初集》共收诗360余首，词42首。她的诗风，被当时同为金陵诗人的余秋农，称有"咏絮才女"谢道韫的"林下之风"。她常常以理趣、山水、生活入诗，又内敛又潇洒，直抒胸臆与性灵。

此外，王贞仪自号"江宁女史"，对史学也有研究。25岁时，她嫁给宣城秀才詹枚，詹枚经常给王贞仪写作打下手，二人感情十分好。但王贞仪身体不佳，体弱多病，4年后就不幸病逝了，没过几年，詹也亡故。两人没有子女，对王贞仪著作的整理和保存主要是靠她的闺蜜蒯夫人，以及后来发现并赏识王贞仪才华的清代会典馆总纂，也是蒯夫人的侄子，著名学者钱仪吉。钱仪吉称她："班惠姬后，一人而已"。

王贞仪的《德风亭初集》有一篇题为《读史偶序》的长文，对中国几千年史学进行了全面梳理。可见她对史学的社会功能很有见解，认为史学的主要目的就是用来明教化，她非常推崇《春秋》和《资治通鉴纲目》。史书写作要"张名教、植纲常、严分位"，读史要读出"各家秉笔之意"。她认为史学就是要经世致用，所以她的治学宗旨一直是要做有用的学问。

笔者喜欢王贞仪，这个女子身上有太多现代的、进步的气质，阅读她的一生，是清新自然、如沐春风的。她可以把很多知识和领域举重若轻，能给人一种智慧且明亮的感觉。对知识结构的追求，就应该是连续不断的，这方面，王贞仪是榜样。

3. 连贯的学习方式

记得在王阳明还没有"大火"之前，秦朔老师就让我写写王阳明、曾国藩、胡雪岩、雍正等历史人物。有一次去他家里看加菲猫 Gaudii 的时候，他特意送给了我一本书——余世存先生的《非常道：1840—1999 的中国话语》（上海三联书店，2016 年第一版）。这是我一字一句读出声来的唯一的一本书。

《非常道：1840—1999 的中国话语》以 1840 年到 1999 年间中国的历史片段为内容，记录了以曾国藩、左宗棠、李鸿章为代表的晚清权臣，以孙中山、黄兴为代表的辛亥豪雄，以毛泽东、蒋介石为代表的国共领袖，以胡适、陈独秀为代表的文化精英，以钱钟书、陈寅恪为代表的学术大师等人，在中国近现代历史上留下的趣闻轶事和精彩话语。里面的每一个人，都是当之无愧的时代风云人物！

对我而言，通过这本书，更能去了解各式各样、近乎完满的人。比如余老师在书中写道：弘一法师当年执意出家，出家后竟然后悔了，因为发现佛门原非心中所想的净土，故想还俗。马一浮等朋友劝他说："原先不赞成你出家，既已跨出了此步，就不要回头了。"弘一听劝，打消还俗的念头，终成一代高僧。

人如果自己活得枯燥，就会觉得知识也是枯燥的。而生命一旦生动了起来，就会觉得只要有新知，命运就会多一重吟唱。其实学习是枯燥的，还是有趣的，并不取决于兴趣，而在于让自己享有一种连贯的生活方式，这种方式包括在学习和创作的一入一出之间。知识系统就如蝉嫣般，是连续不断地持续更新的，需要我们持之以恒地学习与吸纳。

蝉嫣：文化传承

蝉嫣，意思是连续不断。虽然一个人的生命是有限的，但他一生的精神却可以如同蝉嫣般，连续不断地传承下去。修炼了一辈子，最终可能才明白，文化传承并不是一句套话和空话。

60 在古代是"耳顺之年"，耳顺的意思，即为耳朵的功能已经可以通顺到自己以及他人的心里了，故能闻他人之言，知晓他人的心意，是耳闻无碍之境。

人的一生或许就像蝉一样短暂，幼虫在泥土中过了大半辈子，寄居在植物的根系中生存。但一旦成为了蝉，就能吸风饮露，高洁自守。我们来到这个世界上，目的就是要竭尽全力去做那些美好和明智的事情。因为内心有所坚持，所以无论枯燥或烦躁的世界如何运行，人们的内心都能吸取能量。内心可以有洁癖，但也要容忍人性的流露，无伤大雅的事情，暂且就当作沿途的风景。

文化传承，是对抗这个商品交易，且交易还不公平的世界里，亘古不变的美好。传统文化、社会理想、人生价值，应该有人去思考，去承担。

獬（xiè）豸（zhì）

　　獬豸又称獬廌、解豸，是中国古代神话传说中的神兽。体形大者如牛，小者如羊，类似麒麟，全身长着浓密黝黑的毛，双目明亮有神，额上通常长一角，俗称独角兽。

　　传说中，獬豸拥有很高的智慧，懂人言知人性，能辨是非曲直，能识善恶忠奸，发现奸邪之人，就会用角把他触倒，然后吃下肚子。故有"神羊"之称，象征勇猛、光明、清平公正。

　　内心应如獬豸一样清明透亮，有独立的判断，既不人云亦云，亦不盲目自信，相信世界总会更美好，也在曲折道路里追求正大光明。

1. 獬豸

龙生九子，不成龙，各有所好。囚牛喜欢音乐；睚眦嗜杀喜斗；嘲风好险好望；蒲牢好鸣好吼；狻猊喜烟好坐；霸下喜欢负重、顽强长寿；狴犴急公好义、仗义执言、明辨是非、秉公而断；负屃喜欢写文章；螭吻喜欢吞火和眺望。

中国的神兽文化源远流长。十大神兽包括太阳烛照、太阴幽荧、青龙、白虎、玄武、朱雀、黄龙、应龙、螣蛇、勾陈。另有一种说法，包括白泽、夔、凤凰、麒麟、梼杌、獬豸、犼、重明鸟、毕方、饕餮、腓腓。

作为神兽之一的獬豸，在古代有许多传说。

相传春秋战国时期，齐庄公有个叫壬里国的臣子，与另一位叫中里缴的臣子打了3年官司。因为案情难以判断，齐庄公就让"廌"，即神兽獬豸，来听他二人自读诉状。结果壬里国的诉状读完，獬豸没有什么表示，而中里缴的诉状还没有读到一半，獬豸就用角顶翻了他。于是，齐庄公判决壬里国胜诉。

汉代学者杨孚在其专著《异物志》中，对"獬豸"特性的概括最有代表性："性别曲直。见人斗，触不直者。闻人争，咋不正者。"东汉时期的杰出思想家王充在《论衡》中也记载道："一角之羊也，性知有罪。皋陶治狱，其罪疑者，令羊触之，有罪则触，无罪则不触。故皋陶敬羊"。

苏轼在《艾子杂说》中也讲述了一个"獬豸辨好"的寓言故事。一次，齐宣王问艾子道："听说古时候有一种动物叫獬豸，你熟悉吗？"艾子答道："尧做皇帝时，是有一种猛兽叫獬豸，饲养在宫廷里，它能分辨好坏，发现奸邪的官员，就用角把他触倒，然后吃下肚子。"艾子停了停接着感慨道："如果今天朝廷里还有这种猛兽的话，我想它不用再寻找其它的食物了！"

獬豸，作为古代的独角兽，是人们想象中以最简单的方式来分善恶、明是非的方式。獬豸的内心该有多么透彻清明，才能成就如此完美的独立判断？

2. 中道

在 2013 年，美国著名 Cowboy Venture 投资人 Aileen Lee，将私募和公开市场的估值超过 10 亿美元的创业公司做出分类，并将这些公司称为"独角兽"。"独角兽"这个概念，大约流行五六年了。在西方，独角兽曾被认为是纯洁的象征，人们认为它的角能够压制住任何道德败坏的事情。

人性最喜热闹，最怕寂寞，最容易遗忘。看着每一个新闻热点调动人的喜怒哀乐，各种观点、判断层出不穷，每个人和每件事物身上都被反复寻找闪光点，如同镶嵌宝石般被做成一个完美的艺术品，不久之后，人设和特质又顷刻瓦解。这个时代就是又破又立，反复颠仆，人们既不是当局则迷，也没有旁观者清，而是身处万象之间，纠结复杂，难有简单的方法。

人间万象，热闹庞大，无法一一映射入脑海。移动互联网时代，也许人间并没有比以前更复杂，而是人们认清了其中的复杂性。于是，慢慢接受许多事情并不是非黑即白，成功和失败的界限渐渐模糊，善恶的转化只在一念之间。在这个选择越来越多样的时代，"不为恶"这根底线却一直没有改变，每个人都需要有谦卑的自觉。

人们善于遗忘，记录者留下的诸多笔墨或许只是徒劳，魏则西事件、虐童、网约车司机打人杀人等事件在这个由于崇拜流量，而裹挟了全部人性的互联网时代，难道就没有社会不稳定因素的呈现？人生本来不完美，边界应该充分界定。

我从小有一种自觉，我远离幸运，也远离灾难，我远离幸福，也远离痛苦，我远离生机勃勃，也远离死气沉沉。我没有经历过太多的事情，所以从不妄下判断，我不知道融入，也不知道隔绝，但我仍有是非观。当身处具体环境之中，我依然可以把握得住环境和格局，以及自我的优劣势。没有战略规划，我只是走一步看一步。我要保留内心天然的养了二十多年的直觉。现在后悔的是没有系统学习一门知识，以吸纳、借鉴、统筹其他知识。

我不喜欢管理学上所谓的战略定位，数据往往只是一个片面的目标，促使人们不顾一切，凭着商业嗅觉，直奔市场，那样的人手起刀落、性格刚毅、决不犹豫，没有回旋之道。在这个创业世纪，成功是一种能力和改变的展示，而不是唯金钱至上。目标明确与野心勃勃，只属于一种人。散淡的人，就只能写作或者无为。

在目睹了许多喜剧和悲剧，许多折腾和妥协之后，我越来越像个旁观者。一个人随着时间真正能够改变多少？关注自己的一呼一吸之间的内心，或许才能真正做到清明通透。

3. 保富法

人生不过数十年的壮丽拼搏。财经商业领域最强烈的中国直觉，就是如何保富。

保富法是什么？顾名思义就是保护财富的方法。在20世纪40年代初，就有人写了《保富法》，而且写得既轰动，又令人信服。谁呢？曾国藩的外孙聂云台（1880—1953年）。聂云台的父亲是晚清上海史上较有作为的一任道台——聂缉椝，也是响当当的一位人物。

聂云台是近代企业家，旧上海首任商会会长。他成长的环境，从小接触的人，非富即贵。《保富法》这本书，是他六十多岁时写的，写于1942年至1943年间。也就是说，他至少旁观了中国社会至少五十多年的转变过程。

他曾总结出一个可怕的经验和历史规律："数十年来所见富人，后代全已衰落；60年来文武大官世家，都已衰落，后人不兴；惟有不肯发财的几个大官，子孙尚能读书上进……"

聂云台的外公，就是著名的曾文正公，他在《保富法》中自然也提到了外公。曾国藩在位20年，去世时只有2万两银子，除乡间的老屋外，在省中未曾建造一间房子，也未曾买过一亩田地。他亲手创立的两淮盐票，定价很便宜，而利息非常高，每张盐票的票价200两，后来卖到2万两，每年的利息就有三四千两，而当时，家里只要有一张盐票的，就可称为富家了，而曾文正公特别谕令曾氏一家人不准承领。在他逝世后多年，后人也没有占用一张盐票。若是当时化些字号、花名，领一两百张盐票，是极其容易的事情，而且也是照章领票，表面上并不违法。然而曾家却认为——借着政权、地位，取巧营私，小人认为是无碍良心，而君子却是不为的！

聂云台的母亲，是曾国藩的小女儿曾纪芬。曾国藩曾经定下家规：凡是嫁女儿娶媳妇，花费限用在200金以内。但曾纪芬出嫁时，嫁妆被挪用做家庭开支和赔付一笔应付账款，所以只给了路费银钱600两，此外则是一无所有了。曾纪芬中年时，每次谈到当时艰苦的情况，常常是泪随声下，感慨自己身为王侯将相之女，嫁给了数代都是仕宦的大家族，生活尚且如此艰难困窘，如果不是亲身经历，实在是难以令人相信。

《保富法》分上、中、下三篇，下篇中谈到了聂家的七世祖乐山公，说他经常治病救人，特别是救了好几次瘟疫中受难的百姓，却从不顾及自己的生命安危，对于穷人和受刑犯救济尤其得多。乐山公八十多岁时，依旧常到监狱探视义诊病患。而且，他从来不求回报，官府给了他许多机会也不接受，最后只答应了一条，就是让儿子先焘进入雯峰与集贤两家书院读书。

他的儿子、孙子、曾孙都有官运。家族以"三代进士，两世翰林"而著称一时。

到了聂缉椝这一代，他历任江南机器制造总局会办、江南机器制造总局总办、苏松太道台（上海道台）、浙江按察使、江苏布政使、江苏巡抚、湖北巡抚、安徽巡抚、浙江巡抚。他在上海根基深厚，被认为是晚清上海史上较有作为的一任道台。

聂家父子在1908年以31.75万两白银买下了华新纺织新局，改名为恒丰纺织新局，聂云台任总经理。由于聂云台有中西教育的背景，经营得很上手，又以所得在湖南老家买了大片土地，今属大通湖滨的南洲一带的4万余亩的湖田刘公垸，开垦、扩建为种福垸。后来在上海的产业也进一步增长，纺织、钢铁、贸易都做得风生水起。

上海曾经有个聂家花园，位于杨浦区，西至荆州路、东至辽阳路、南至惠民路、北达霍山路，面积达几十亩地，是中西合璧的现代海派园林。多年前，曾纪芬的外孙女张心漪曾撰文回忆这个花园："外婆家永远是一座美丽的迷宫，那里有曲折的小径，可跑汽车的大道，仅容一个人通过的石板桥，金鱼游来游去的荷花池，半藏在松林间的茅草亭，由暖气养着的玫瑰、茉莉、菊花、素心兰的玻璃花房，小孩子随时可以去取葡萄面包的伙食房，放着炭熨斗和缝衣机的裁缝间。其中我最感兴趣的是，三层楼上两间堆满着箱笼的'箱子房'……"

由此可见，聂家的世代繁荣，主要是靠祖上的悬壶济世、无私奉献。曾家的世代繁荣，则是因为从不贪财，反而散财、不留财。聂云台总结道："平常人以为不积些钱，恐怕子孙会立刻穷困，但是从历史的事实、社会的经验看来，若是真心利人，全不顾己，不留一钱的人，子孙一定会发达。"

"大约算来，四五十年前的有钱人，现在家产没有全败的，子孙能读书、务正业、上进的，百家之中，实在是难得一两家了。像曾、左、彭、李这几家，是钱最少的大官，后人多比较能读书，以学术服务社会……凡是当时的钱来得正路，没有积蓄留钱给子孙的心，子孙就比较贤能有才干。"

聂云台曾是基督教徒，在他妻子（1917 年）死后，他又大病一场，他感到生死无常，就研习佛经三年，1924 年在如幻大师处受三皈依。不久朝礼普陀，于印光大师座下进受五戒，法名"慧杰"。他的思想深受佛教因果论的影响。

《保富法》曾在《申报》刊载，一度轰动上海，引起各界纷纷捐赠，总数竟然达到 47 万余元。而按当时的物价，每人每月 2 元的粮食，就能吃饱了。

柳亚子在给《保富法》做序时曾提到明朝的一位保富法实行者。

在张大复的《梅花草堂集》中有这样一段记载："四川有个当按察使的官员，有 5 个儿子，给儿子们都立了刚够温饱的产业，自己的吃穿也不浪费。他年迈之后，将生平所积的俸禄拿出来，有万金之多，愿意补充公家费用不足的部分。当地官员说，没有什么需要补充的。他就让人把万金埋在一个旧院子里，盖了石板，题字：'还诸造物'，他去世后，这个宝库也没有人去动。万历辛酉年，土匪暴乱，将公私财物抢掠一空。当地官民面临挨饿的困境。有知道宝库事情的人，报告了官府，用这笔财富救济了当地的人们。这位老人的高尚道德，真是千古少有。那时当地的官员和老百姓，都是非常廉洁。"

这个故事，不禁让我想起"先天下之忧而忧，后天下之乐而乐"的范仲淹。他做穷秀才时，心中就念念不忘救济众人。后来做了宰相，便把俸禄全部拿出来购置义田，赡养一族的贫寒。他先买了苏州的南园作为自己的住宅，后来听见地理风水家说："此屋风水极好，后代会出公卿。"便觉得这屋子既然会兴发显贵，不如当作学堂，让全苏州人的子弟在此处受教育，使更多的人兴发显贵。所以就立刻将房子捐出来，作为学堂。结果，范仲淹的 4 个儿子都发达显贵，做了宰相公卿侍郎，而且个个都是道德崇高的楷模。范家的曾孙辈也极为发达，延续繁荣了八百年，苏州的范坟一带，仍然有很多范氏的后人，时常出现优秀的子孙。

元朝的耶律文正公（即耶律楚材），是元太祖（成吉思汗）及元世祖的军师，军事多数是由他来决策。元太祖好杀，耶律楚材善于说话，能够劝谏太祖不要屠杀。他身为宰相，却是布衣蔬食，生活俭朴。他也是个大佛学家，利欲心极为淡泊。在攻破燕京时，诸位将领都到府库里收取财宝，只有他吩咐士兵将库存的大黄数十担，送到他的营中。不久，就发生了瘟疫，他用大黄治疗疫病，取得了很好的效果。耶律楚材也是毫无积蓄，但是他的子孙，数代为宰相的却有13人之多。这也是一个不肯积蓄私钱，而子孙反而亨通发达的例子。

林则徐曾有著名的教子联："子孙若如我，留钱做什么？贤而多财，则损其志。子孙不如我，留钱做什么？愚而多财，益增其过。"林则徐自己官场不得志，但他的子孙数代都是书香不断，曾孙辈中尚有进士、举人，后人仍然有显达者。这又是一个不肯发财，而子孙反而发达的例子。

广东的伍氏、潘氏及孔氏，都是鸦片生意场甚至战场里发大财，拥有数百千万银两的代表。书画家大都知道，凡是海内有名的古字画碑帖，多数都盖有伍氏、潘氏、孔氏的图章，表明了此物曾是三家所收藏过的，可见得他们的豪富程度了。但是几十年后，这些珍贵的物品，又流落到别家。他们的楠木房屋，早已被拆了，成为别人家的装饰了。而他们的后人呢？一个闻达显贵的都没有。

其中的伍氏，就是19世纪的世界首富——伍秉鉴。2001年，《华尔街日报》（亚洲版）在"纵横一千年"专辑中，统计了上一个千年世界上最富有的50个人。名单中有6个中国人的名字，他们分别是成吉思汗、忽必烈、刘瑾、和坤、伍秉鉴和宋子文。伍秉鉴是个生意奇才。1801年，伍家在行商中只排第3位，他接手后伍家财富一路攀升，1813年达到全行商首位，1826年的资产更是达到2600万银元，被认为是当时世界上最富有的商人。

上海滩有个江西的周翁，是盐商领袖，钱财积而不用，捐钱也很吝啬。这位老翁，也是正当营业，并未获取非分之财；不过心里悭贪吝啬，眼见饥荒，却不肯出钱救济，以为积钱不用是聪明。却不知道此种心念完全与仁慈平等的善法相违背，存了一家独富之心，而不顾及他家的死活，就是不仁慈、不平等到了极处。《易经》所谓的"余庆""余殃"，在他身上得到了印证。历史上，独富的家族都会败落得格外迅速。

还有上海滩犹太人哈同的故事，他曾是远东第一首富，甚至影响了近代上海城市规划。但最后无儿无女，就像烟尘一样消失了。笔者曾写过哈同，写他的奋斗创富发家的过程，也写到他的结局，"妻子不能生育，他也没有另娶，也没有绯闻，死后把财产按照犹太教习惯全数给夫人。后来他的一众养子女们，为了争夺财产不可开交，让这个传奇终究变成了孤品。"

聂云台批判他，他遗产有8亿银元，试设想一下，财产8万万的收入，就照2厘的利息来计算，每年也应该有1600万，如果他们肯将这尾数的600万元，用作救济贫民之用，那么全上海的难民，就可以得救了。他们虽然也做救济，却只是表面文章，只想出一点点的钱去换得美名。俄国的大文豪托尔斯泰曾说过："现在社会的人，左手进了100万元，右手布施了一、二元，就称为是大慈善家。"悭贪不舍也是充满罪过的。

儒家的金钱观是这样的——

《大学》："仁者以财发身，不仁者以身发财。"《孟子》："为富不仁，为仁不富。" 贪财便能造罪，不贪财方能造福。

《中庸》："衣锦尚絅，恶其文之著也。"譬如穿着锦绣的衣服，却要加上罩衫，不愿意使锦衣露到外面。表明了君子实修善义，不务虚名，以避免产生负面的影响，这样的人更为社会所敬重。

《尚书》："满招损，谦受益，时乃天道。"又说："惟天福善祸淫。"

《孟子》："君子之泽，五世而斩"。

佛家的金钱观是这样的——

《药师经》(《药师琉璃光如来本愿功德经》)上开宗明义，详细地说明了悭贪不舍的罪过。经上说："有诸众生，不识善恶，惟怀贪吝，不知布施，及施果报。愚痴无智，缺于信根，多聚财宝，勤加守护。见乞者来，其心不喜，设不得已而行施时，如割身肉，心生痛惜。如此之人，由此命终，生饿鬼界，或畜生道。"

《金刚经》说："度尽众生，自觉未度。"又说："布施济众，不觉有施。"

道家的金钱观是这样的——

《易经》上说："一阴一阳之谓道。"天道是非常简单的一件事：过分的，要受到制裁；吃亏的，要受到补益。

《道德经》说，"既以为人，己愈有；既已与人，己愈多。""反者，道之动。""知其雄，守其雌，为天下溪……知其白，守其黑，为天下式。"

可见，中国传统的哲学文化，都在反复诉说着同一个道理：要做君子，不做小人；要积德行善，知因果；要道法自然。

所以保住财富的方法，就是这一代为下一代赋能，这个"能"，是精神上的力量、能力素质的培养、广结人缘种善因。

具体而言：

第一，虽然此生不求圆满，但还是要准备周全的计划。特别是现代人，要如神兽獬豸般内心清明通透，提前规避掉很多问题。对于财物聚散，要做好周全良好的计划。

第二，对于自己的生活，遵守着持盈保泰的因果法则，努力保持一种平和心境至为紧要，该放弃的必须舍得放弃。得失不患，宠辱不惊。

第三，一定不要过分享受，这一点中外文化是相通的。世界最大的"不收费基金"创始人约翰·博格曾说"人生苦短，何不及时行乐，不过最多只能花5%。"

一念仁慈的心，能使天地间产生了一种祥和之气；如果付诸行动，这种祥和之气，就会常常环集在四周，使得家庭子孙都受到福荫。

獬豸：得道多助

　　人类的寿命如今越来越长，世道人心也越来越复杂多变。人生到了六七十岁时，应该如同獬豸般简单、纯粹地取舍，内心清亮无比。

　　现代人和现代公司，都只是强调不作恶，远离两端，恪守中道。商业一直不是美好的存在，而成功的人必须反思和哺育。保住财富的方法，就是要持盈保泰，克制过分享乐的欲望，做好周全的财富计划。留给下一代最好的财富，并不是物质财富，而是精神和能力上的财富。

　　有人说，法制和制度建设才是这个世界的希望，但只有在内心的澄澈、透亮、光洁、安静与理性之下，才能谈制度。有契机和缘分，才能使得制度推行顺利。万事万物抵不过天道人心。

　　人生七十，安住当下，心如明镜，成其未来。镜子也分干净的镜子和浑浊的镜子，只有大智慧、大格局才能使内心清明通透。

附表：

	人生阶段	人生治理	管理心境及能力	经典参考
豹隐	10 岁	发现初心	赤子之心，发现养成	《列女传》
鹿蕉	12 至 13 岁	梳理想象	大千世界，锻炼想象	《列子》
庄蝶	13 至 14 岁	哲学入门	内心感应，万物变化	《庄子》
青牛	15 岁	体系学习	诸子百家，包容学习	《道德经》
犀照	15 至 18 岁	命运权限	生死有命，敬畏生命	《世说新语》
鱼雅	18 至 20 岁	建构秩序	从容优雅，内心有序	《孙子》
麒麟	20 到 22 岁	思想皈依	儒中有道，实学立命	《六经》《春秋》《农政全书》
风虎	23 至 24 岁	知行合一	事业伊始，打好基础	《传习录》
飞龙	24 至 27 岁	极致参考	未知人生，参考经营	《易经》
狮吼	27 至 30 岁	智慧调伏	人生苦海，积累智慧	《佛说大乘菩萨藏正法经》
猫义	30 岁至 33 岁	艺术滋养	艺术道德，表达内心	《八大山人全集》
当熊	33 至 34 岁	气概养成	英雄气概，厚积薄发	《汉书》
雪狼	34 至 35 岁	团队精神	识人品人，共同打拼	《墨子》
凤舞	35 至 40 岁	层次雕刻	内心层次，修炼优雅	《名媛诗话》
鹤鸣	40 岁	复兴初心	沥清内心，回归初心	《诗经》
乌龙	40 至 45 岁	忠诚守护	知己善友，忠诚无价	《心经》
四猴	45 至 50 岁	危机管理	中年危机，反复修行	《西游记》
蛇解	50 至 60 岁	境界运转	人生修炼，不问结果	《曾文正公家书》
蝉嫣	60 至 70 岁	文化传承	学习传承，连续不断	《史记》
獬豸	60 至 70 岁	得道多助	内心清明，回归自然	《保富法》

图书在版编目（CIP）数据

任凭世事变化，内心鱼鱼雅雅 / 水姐著 . —— 成都：
四川人民出版社，2019.5

ISBN 978-7-220-11297-3

Ⅰ . ①任 ... Ⅱ . ①水 ... Ⅲ . ①人生哲学 – 通俗读物
Ⅳ . ① B821-49

中国版本图书馆 CIP 数据核字 (2019) 第 054681 号

RENPING SHISHI BIANHUA NEIXIN YUYU YAYA
任凭世事变化，内心鱼鱼雅雅
水 姐 著

责任编辑　李真真
特约编辑　陈虹锦　孙　宾　潘虹宇
出　　版　四川人民出版社
策　　划　杭州蓝狮子文化创意股份有限公司
发　　行　杭州飞阅图书有限公司
经　　销　新华书店
制　　版　杭州中大图文设计有限公司
印　　刷　杭州钱江彩色印务有限公司
规　　格　880×1230 毫米 32 开
　　　　　8.75 印张　150 千字
版　　次　2019 年 5 月第 1 版
印　　次　2019 年 5 月第 1 次印刷
书　　号　ISBN 978-7-220-11297-3
定　　价　45.00 元
地　　址　成都槐树街 2 号
电　　话　（028）86259453